전주 미식여행을 위한 새로운 시선

잘 차려진 상에 모주만 올려보았다

MARBLE ROCKET

잘 차려진 상에 모주만 올려보았다

그때, 그곳에
모주가 있었다

전주는 가진 게 많은 도시다. 태조 이성계의 본향으로서 조선 왕실의 뿌리라는 자산이 있다. 판소리와 완판본의 도시이며 한옥, 한지, 한식 등 전통의 헤리티지를 가진 도시이기도 하다. 그러나 아이러니하게도 가진 것이 많으니 다 조명받지 못한다. 예를 들어, 전주 관광은 한옥마을에서 시작해서 한옥마을로 끝나는 경우가 많다. 전주하면 한옥마을로 인식되기 때문이다. 음식도 마찬가지. '전주하면 음식이지'라고 말하는 사람들에게 전주에서 뭐가 맛있냐고 물어보면 비빔밥과 한정식까지 나오다가 뒤가 흐려진다. 나이가 좀 있으신 분들이면 전주비빔밥과 콩나물국밥을 찾을 테고, 젊은 사람들은 한옥마을의 길거리 음식을 전주의 음식 경험으로 한정하기 쉽다.

10년 전만 해도 전주는 지금보다 낭만이 짙었다. 개인적으로 전주의 경험은 전주영화제로 시작되었다. 영화 몇 편을 보고 식당에 들어가 모주 잔을 부딪치던 기억이 떠오른다. 모주를 마시는 것만으로도 전주에 와있다는 실감이 났다. 맞다, 모주! 전주에서 태어난 전주 고유의 술. 어쩌면 모주가 전주의 낭만성을 다시 불러일으켜줄 수 있을 거라는 막연한 기대가 생겼다.

술의 춘추전국시대다. 로컬 브루어리들이 수제 맥주 붐을 일으키는가 싶더니 돌아온 소주가 기선을 잡았다. 그리고 MZ로 통칭되는 젊은 세대들이 언제부턴가 와인을 애정하기 시작했다. 창고형 와인 가게들이 생겨나고 고깃집에 와인을 사들고 가는 콜키지(corkage) 서비스까지 생겨났다. 내추럴 와인들을 찾는 손들이 바빠지기 무섭게 이제 위스키로 술의 취향이 넘어가는 모양이다. 위스키가 끝일 리가 없다. 다시 맥주로, 막걸리로, 와인으로, 소주로 술은 계속 돌고 돌 것이다. 그러나 전주의 모주는 늘 그 자리에 있었다. 가맥에서 맥주가 팔려 나가도 그 자리에 있었고, 와인이 대세인 시절에도 모주는 늘 거기 있었다. '전주에 왔으면 모주를 마셔야지'하는 사람들이 줄었어도 모주는 여전히 전주에 있다.

전주에는 맛있는 음식들이 많다. 2012년에 유네스코 음식창의도시로 선정되어, 미식의 도시라는 국제적 공인도 받았다. 전주에 맛있는 음식이 많은 것은 지리적, 문화적 영향이 크다. 우리나라 최대 곡창지대인 호남평야가 가까이 있고, 산간지역에서는 산채와 버섯, 서해안의 다양한 해산물이 모여드는 식재료의 집산지였기 때문이다. 전주의 남부시장이 그 중심이었다. 한옥마을에 인접한 남부시장은 오랫동안 호남 최대 시장으로서 수많은 농수산물이 거래되던 장소였다. 이러한 지리적 혜택과 함께 풍류를 즐기는 전통이 결합되어 전주만의 고유한 음식문화가 만들어졌다.

여전히 전통 조리법을 고수하고 있는 음식점들, 허름하지만 맛은 끝내주는 노포들, 좋은 식재료를 고집하는 가게들, 아무리 물가가 올라도 푸짐한 밥상을 포기하지 않는 집들, 같은 이름의 음식이라도 전주식으로 맛볼 수 있는 곳들, 새로운 시도로 전주의 음식 신(scene)을 확장하고 있는 신흥 가게들. 전주의 음식점은 이렇게 다양하다. 고민은 바로 여기 있다. 사람들의 머릿속에 한정식으로 기울어져 있는 전주 음식들을 어떻게 쥘부채처럼 펼쳐 보일 수 있을까?

그러다가 문득 모주가 생각났다. 예부터 콩나물국밥과 함께 해온 모주. 비빔밥 집에 어김없이 있는 모주. 모주를 통해서 전주 음식들을 다시 볼 수는 없을까?

모주는 잘 차려진 상 위에 올리기만 했다. 모주를 원래 판매하는 곳의 음식들을 Course 1에서 소개하고, 현재 모주를 파는 곳은 아니지만 모주와 잘 어울리는 음식들을 Course2에서 펼쳐 놓았다. 식탁 위에 모주를 올려놓자 의아해하시는 식당 관계자분들에게는 미리 말씀을 드렸다. 뭐라고 하시는 분은 단 한 분도 없었다. 다름 아닌 모주였기 때문인 것 같다. 몇몇 식당에서는 재미있다며 호기심을 보이셨다. 이렇게 해서 모주와 40가지 이상의 음식을 직접 먹어보았다. 푸드 페어링(food pairing)이라는 말이 있다. 술과 어울리는 음식을 추천할 때 주로 쓰는 용어다. 말하자면 '모주 페어링'을 시도한 것이다. 그러나 상식으로 통하는 '페어링'에서 벗어나 의외의 페어링을 제안하려고 했다. 우리가 음식 전문가였으면 못했을 일이다. 무식해서 용감할 수 있었다. 이번만큼은, 음식에 무식해서 다행이라고 생각했다. 모주로부터 시작되었고 모주가 중심이 된 프로젝트이긴 하지만, 모주가 주연은 아니다. 각 장에 소개된 음식들이 주인공이고 모주는 거들기만 했다.

'미식'의 한자를 맛 미(味)로 아는 사람들이 많다. 그러나 미식의 미는 아름다울 미(美)다. 미식에 아름다운 시각이 작용하고 아름다운 감탄사가 뒤따르고 아름다운 여운이 남는다. 보기만 해도 침이 고이는 음식, 우리가 아는 원래의 재료가 마법처럼 변신한 음식, 빨리 맛보고 싶은 충동을 일으키는 음식. 미식은 본능을 자극한다.

미식에 대한 이러한 정의는 전주의 미식에 그대로 적용된다. 전주의 미식은 비싸거나 근사하게 플레이팅 된 고급 음식만이 아니다. 감각을 일깨우는 음식, 이곳에서만 맛볼 수 있는 음식, 우리의 기억을 불러일으키는 음식, 먹는 도중에도 누군가와 다시 먹고 싶다는 마음이 드는 음식, 그런 음식들을 미식으로 부르고자 한다. 그런 점에서 전주는 미식이 넘쳐난다. 상다리가 부러지게 차린 음식도 미식이지만 단출한 국밥 한 그릇도 미식이다. 귀한 식재료를 정성껏 손질한 음식도 미식이지만 망치로 두들겨 연탄불에 구워낸 먹태도 전주에서는 미식이다.

contents

intro

―――――――――

그때, 그곳에 모주가 있었다

Course 2

Dessert

Pairing

모주
모주 체험

모주

가볍지만 속 깊은 술

모주는 막걸리보다 색이 짙고, 막걸리보다 순하다. 모주를 막걸리와 비교한 이유는 오늘날 모주의 주원료가 막걸리이기 때문이다. 막걸리에 대추, 생강, 감초, 계피 등의 한약재와 흑설탕을 넣고 끓여 만든 탁주가 바로 모주다. 끓이는 과정에서 알코올이 증발되기 때문에 도수는 1.5도를 넘지 않는다. 모주를 '뱅쇼(vin chaud)'에 비유하는 이유가 여기 있다. 뱅쇼는 와인에 레몬, 오렌지, 계피 등 향신료를 넣고 끓여서 알코올이 휘발된 따뜻한 와인을 말한다.

모주의 역사는 꽤 오래되었다. 조선시대에 술을 좋아하는 아들을 걱정한 어머니가, 막걸리에 약초를 넣고 달였다고 해서 모주라는 이름이 붙었다는 설이 있다. 집에서 빚는 술을 '가양주'라고 하는데 예전에는 제사와 손님 접대를 위해 집집마다 가양주를 빚었다고 한다. 1,000여 종의 가양주는 일제강점기에 사라졌지만 최근까지도 전주에는 모주를 직접 만드는 식당들이 많다. 만드는 방법이 어렵지 않고, 콩나물국밥과 함께 해장술 문화로 정착했기 때문이다. 맛과 도수 등을 규격화한 모주 상품들이 많이 생산되어 전주의 지역 특산물로도 인기가 좋다.

약한 도수 때문에 모주를 아예 술로 쳐주지 않는 사람들
도 많지만, 술에 약한 사람들은 모주 한 잔에도 약한 취
기가 오를 수 있으니 술은 술이다. 이 저알콜 전통주의
장점은 아침, 점심, 저녁을 가리지 않고 마실 수 있다는
점. 부드럽고 단맛이 있어서 술을 못하는 사람에게 권하
는 것도 그리 실례가 아니다. 또 한 가지 장점은 '뱅쇼'에
힌트가 있다. 여름에는 시원하게 살얼음을 띄운 모주를
마시고 겨울에는 따듯하게 데워서 마시면, 같은 술인데
맛도 기분도 다르다. 늦가을 캠핑장 장작불에 올려진 모
주 주전자는 얼마나 낭만적인지 모른다. 초겨울 김장을
하고 막 담근 김치에 돼지 수육, 거기에 모주를 나눠 마
시면 노동주로 이만한 술이 없다.

모주를 다시 보자.
모주만큼, 마시는 사람을 한 번 더 생각하는
속 깊은 술이 또 있을까?

곱게, 귀하게, 건강하게

한옥마을 안에는 모주 만들기 체험을 할 수 있는 곳이 몇 군데 있다. 실제로 만들어보면 모주가 여러 세대를 아우를 수 있는 술이라는 것을 실감할 수 있다. 막걸리에 약재를 넣고 끓인 모주. 어떤 재료를 넣느냐에 따라 '어른'의 술이 될 수도 있고 '젊은이'의 술이 될 수도 있다. 기본적으로는 대추, 생강, 계피 등이 들어가지만 감초, 인삼을 더 넣으면 건강한 모주가 되고, 건과일이나 히비스커스 등을 넣으면 20대 입맛을 사로잡는 스위트한 모주가 된다. '모주체험 여'에서는 기본 모주 외에 인삼 모주를 만들어 볼 수 있고, '전주일몽'에서는 '핑크 모주'를 만들 수 있다.

모주를 직접 만들어보자. 쿠커에 막걸리 1통을 붓고 거품이 일어나도록 끓이는 것으로 모주 체험은 시작된다. 그다음 거름 주머니에 원하는 재료를 담아오자. 기본 모주를 만들기 위해서는 편강(얇게 저며 설탕에 조려 말린 생강) 몇 스푼, 대추 몇 알, 말린 사과와 말린 배 몇 개, 계피 스틱 2개로 재료 준비는 끝이다. 핑크 모주를 만들려면 허브인 히비스커스와 바짝 말린 장미 꽃송이 몇 개를 추가로 준비한다. 여기에 자신의 입맛대로 흑설탕과 백설탕을 원하는 양만큼 넣어주면 된다. 재료를 넣고 나무 국자로 막걸리를 정성껏 저어주면 조금씩 모주 향이 나기 시작한다. 다 끓인 모주를 유리병에 옮겨 담고, 작은 한지와 노끈으로 입구를 묶어주니 근사한 모주가 완성되었다. 비싼 와인을 선물하는 것도 좋지만, 직접 재료를 선별하고 끓인 수제 모주를 선물하는 것은 가격 그 이상의 가치가 있지 않을까?

막걸리에 약재를 넣고 끓인 모주.
어떤 재료를 넣느냐에 따라
'어른'의 술이 될 수도 있고
'젊은이'의 술이 될 수도 있다.

Course 1

비빔밥

눈으로 먼저 먹는 음식

한류가 만든 '두유 노(Do you Know)' 시리즈가 있다. 이런 식이다. "두유 노 김치?" "두유 노 강남스타일?" "두유 노 비빔밥?" 외국인에게 던지는 상투적인 질문에서 유래한 개그다. 자부심이 강하게 담긴 질문은 상대에게 부담이 되고 편협한 인상을 줄 수 있다. 그러니 자랑하고 싶어도 외국인을 만나면 '두유 노 비빔밥?' 질문은 이제 그만하자. 한국을 방문한 외국인이라면 십중팔구 비빔밥을 다 알고 있을 테니.

비빔밥은 우리나라 음식 미학을 보여주는 대표적인 음식이자 맛과 멋을 둘 다 중시하는 전주의 문화 자산이기도 하다. 맛뿐만 아니라 건강한 식재료와 조리법, 그릇에 아름답게 담아낸 음식을 미식이라고 한다. 그런 의미에서 비빔밥은 대표적인 한식이자 미식이다. 사골 육수로 고슬고슬하게 밥을 짓고, 형형색색 식재료를 선별해 정성껏 조리해서 하나의 그릇에 색의 향연을 펼친다. 콩나물, 무, 당근, 버섯, 고사리, 도라지, 황포묵 등으로 오방색을 연출하는가 하면 그 위에 계란 노른자나 육회를 올려 화룡점정을 찍는다.

외국인들이 전주비빔밥을 먹으면서 한 번 더 놀라는 이유는 비빔밥을 중심으로 상 위에 깔리는 반찬 때문이다. 전과 묵, 나물 등 반찬의 가짓수와 퀄리티에 눈이 휘둥그레진다.

전주에서는 수많은 비빔밥 전문점이 있다. 전반적으로 상향 평준화되어 있기 때문에 맛집의 우열을 가리기는 힘들다.

그중 '한국집'은 1952년 우리나라에서 최초로 전주비빔밥을 판매하기 시작하여 3대째 명성을 유지하고 있다. 2011년 미슐랭 가이드 한국 편에 소개되기도 했다.

전라북도 무형문화재 제39호 비빔밥 기능보유자 김년임 장인이 설립한 '가족회관'의 비빔밥도 유명하다. 놋그릇에 담긴 정갈한 비빔밥에는 정성과 맛이 가득하다. '성미당'도 3대째 운영하고 있는 비빔밥 전문집이다. 주방장이 초벌로 한번 비비고 손님이 한 번 더 비벼서 먹는게 특징이다. 외관이 크고 화려한 '고궁'의 비빔밥은 고명으로 밤, 잣, 은행, 대추, 호두 등의 오실과를 쓴다. 오독오독 씹히는 생밤의 식감이 좋다.

가마솥 비빔밥 집도 있다. '중앙회관'에서 이름을 변경한 '하숙영 가마솥 비빔밥'도 단골이 많다. 갓 지은 가마솥 밥과 나물이 따로 나오는데, 손님 앞에서 맛있게 비벼준다. 밥알에 양념이 고루 섞이도록 숟가락으로 야무지게 비비는 것을 보고 있으면, 비빔밥의 마지막 한 수는 '비빔의 기술'이구나 싶다. 같이 나오는 된장 찌개도 좋고 가마솥에 물을 부어 숭늉을 마실 수 있는 것도 좋다.

비빔밥 집에는 어디나 모주가 있다. 콩나물국밥집과 마찬가지로 수제 모주를 파는 집도 많다.

여러 가지 재료를 넣고 고추장에 슥슥 비벼서 먹는 비빔밥. 하나하나의 식재료를 먹는다기보다는 '오묘한 조화'를 먹는 것이 비빔밥이다. 잘 차려진 조화의 밥상에 마지막 손님으로 모주를 초대해 보자. 매운 비빔밥에 달큼한 모주가 더해지니 맛이 풍성해진다. '이게 전통이구나'라는 생각이 드는 것은 여기가 전주이기 때문일까?

콩나물국밥
그 밥에는 그 술

식재료로 말하자면 전주는 콩나물의 도시다. 국, 찜, 무침 등, 밥상에 콩나물이 빠지는 법이 없다. 흔한 콩나물이지만 콩나물에는 전주의 자부심이 있다. 맛의 도시 전주에는 '전주10미'가 있다. 콩나물, 미나리, 황포묵, 애호박, 홍시 등 전주 일대에서 나는 10가지 식재료를 말하는데 이중 가장 흔히 밥상에 올라오는 것이 바로 콩나물이다. 이 콩나물을 주재료로 한 콩나물국밥은 전주를 대표하고 상징하는 음식이 되었다.

전주 어디를 가도 콩나물국밥집이 보인다. 그리고 어느 식당에서 먹어봐도 콩나물이 억세지 않고 아삭하면서도 부드럽다. 전수의 콩나물국밥은 크게 두 종류가 있는데, 불 위에서 바글바글 끓여 내는 집이 있는가 하면, 토렴식으로 데워서 내주는 집이 있다. '토렴'이란 뜨거운 국물을 붓고 따르기를 반복하면서 따뜻하게 데우는 방식이다. 토렴은 서양요리에는 없는 동양 요리법이라고 한다. 박찬일 셰프의 설명이다. '토렴을 하면 밥알의 전분이 녹아나지 않아 국물이 깔끔함을 유지한다. 전주의 두 가지 국밥 스타일은 여기서 나뉜다. 토렴을 해서 맑고 깔끔한 국물을 유지하는 방식과 뚝배기 안에서 모든 재료가 눅진하게 풀리면서 진한 맛을 내는 방식'.

뚝배기째 불 위에서 끓인 콩나물국밥은 입천장이 벗겨질 정도로 뜨겁지만, 입으로 김을 불어가며 먹는 맛이 있다. 끓이는 콩나물국밥에 익숙하면, 토렴식 국밥은 식은 것처럼 국물이 미지근하다는 인상을 받을 수 있다. 그러나 먹기에도 좋고 국물이 맑고 개운하다. 토렴식은 전주 남부시장식으로 불린다. 전국구 콩나물국밥집이 된 '현대옥'에서는 토렴식과 끓이는 식, 둘 다 있어서 고를 수 있다. 콩나물의 아삭거림과 조화를 이루는 것은 오징어의 쫄깃함이다. 국물에 잘게 썬 오징어가 들어가는데 밥과 콩나물, 오징어가 한데 씹히는 식감이 좋다. 오징어가 부족하다 싶으면 오징어 사리를 추가로 시킬 수 있다.

남부시장 안에는 초창기 '현대옥'과 '삼번집' 등 오래된 콩나물국밥집들이 있다. 어느 집을 가든 콩나물국밥과 달걀, 김, 새우젓, 깍두기는 전주 콩나물국밥의 기본 식단. 삼번집에서는 살짝 익힌 수란을 2개 내준다. 수란 그릇에 국물을 조금 떠서 김과 같이 먹어보라고, 주방장을 겸한 사장님이 권하셨다. 전주 동문 길에도 콩나물국밥집들이 몰려 있다. 벌과 나비의 날갯짓을 뜻하는 왱이처럼 손님이 몰려오기를 바라는 '왱이집'은 이름처럼 단체 관광객으로 북적인다. 남부시장 국밥집들처럼 왱이집도 토렴식이다. 끓여 나오지 않는다는 플래카드가 내부에 크게 붙어있다.

박찬일 셰프는 콩나물국밥을 '어른이 되어가는 맛'이라고 했다. 재료라고 해봐야 콩나물이 전부인 밋밋한 콩나물국밥. 나이가 들고 인생을 알게 되면서, 원래 재료의 맛을 알게 되고 속을 데워주는 뜨듯한 국물 맛을 알게 된다고 했다. 이 말에 공감이 간다는 것은 콩나물국밥의 맛을 아는 나이가 됐다는 뜻일까.

모주와 콩나물국밥은 아주 오래전부터 한 쌍이었다. 해장을 위해 술을 마신다는 '해장술'은 그 자체로 모순적이지만, 모주는 '해장술'이 되어 콩나물국밥 옆을 지켰다. 우리가 모주를 처음 경험한 것도 바로 콩나물국밥 집. 그 둘의 조화를 말하는 것이 새삼 무슨 의미가 있을까.

까무잡잡한 것들의 연대

전주에서 먹어봐야 할 음식 중 하나는 '피순대'다. 순대 덕후라면 순대를 입안에 넣기 무섭게 '이 맛이지' 표정을 지을 테고, 비위가 약한 어린이 입맛이라도 피순대라면 한번 도전해 볼 만하다. 분식집 순대와는 다른 차원의 순대를 맛볼 수 있을 테니까.

피순대는 당면 순대와 달리 선지를 듬뿍 넣은 순대다. 선지에 다진 채소를 버무려서, 깨끗이 손질한 돼지 창자에 가득 채워 넣고 사골국물에 삶아 낸 것이다. 선지 때문에 순대가 까맣다.

남부시장 골목에서 피순대를 맛보았다. 속이 꽉 찬 까만 순대 세 줄이 나왔다. K-분식 대열에 들어가는 순대라면 먹을 만큼 먹어봤지만 피순대는 처음이었다. 피순대 하나를 젓가락으로 집어 입에 넣었다. 껍질째 으스러지는 부드러운 식감이었다. 씹을수록 진한 맛이 입에 퍼졌다. 이번엔 깻잎에 피순대를 올리고 쌈장을 찍은 마늘을 올려서 먹었다. 순대 한 줄이 금세 사라졌다. 새우젓을 조금 올려서 먹어도 맛있지만 이곳에서는 초고추장에 찍어 먹어보라고 권한다. 진하고 매콤한 초고추장이 텁텁한 순대 맛을 잡아주는 느낌이었다.

주문한 순대국밥이 뒤따라 나왔다. 순대국밥에 부추를 가득 올려 한 그릇을 비웠다. 국물은 얼큰하고 국물 속 내장은 쫄깃했다. 순대 껍질인 대창까지 부드러워서 후루룩 먹기 좋았다.

피순대는 모주와 기가 막힌 페어링을 보여준다.
부드럽고 진득한 피순대, 얼큰한 순대국물,
여기에 계피향이 감도는 시원한 모주를 곁들이면
미식이 따로 없다. 얼큰한 국물에도,
진한 피순대에도 모주가 빠지면 서운하다.

오모가리탕

뚝배기에 80년 세월이 담겨있다

맛집골목은 세월따라 변한다. 한때 잘나가던 맛집골목이 신생 맛집골목에게 '핫플' 타이틀을 넘겨주는 일은 어느 지역에나 일어나는 일이다. 번화했던 곳이 구도심이 되기도 하고, 관광객들로 북적이던 곳에 사람들 발길이 뜸해지기도 하고, 사람들의 입맛도 변하니까 말이다. 그러거나 말거나 전주 한벽당 부근에는 예전 맛을 고집스럽게 지키는 민물 매운탕 맛집골목이 있다. 이곳에는 '한벽집', '화순집', '남양집'이 전주천을 마주 보고 나란히 있다. 1944년에 시작한 집, 3대째 하는 집, 시어머니와 며느리가 대를 이어 지켜오는 집이다. 여전히 사람들은 오모가리탕을 먹으러 이곳을 찾는다. '오모가리'는 뚝배기를 뜻하는 전라도 사투리인데, 세 집 모두 얼큰한 민물고기 매운탕을 오모가리에 바글바글 끓여 내준다. 메뉴도 비슷하다. 쏘가리, 빠가사리라고 불리는 동자개, 메기, 피라미, 민물 새우인데 자신만의 조리법이 있어서 손님이 갈린다. 한벽집은 1년간 천일염에 재워 둔 시래기로 깊은 국물을 우려내고, 남양집은 쌀뜨물에 장을 풀어 민물고기의 비린 맛을 덜어낸다.

화순집 앞 야외 평상에 자리를 잡았다. 전주시에서 설치한 방갈로 형태의 평상인데 세 집 앞에 길게 늘어서 있다. 겨울만 아니면 흐르는 전주천을 내려다보며 운치 있게 매운탕을 즐길 수 있는 자리다. 주문을 한 뒤 평상이 한가하면 두 다리를 뻗고 누워있어도 된다. 가마솥에 직접 밥을 하거니와 민물 생선 요리는 시간이 오래 걸리는 편이다. 광어나 우럭 등의 바다 생선 매운탕은 생선이 익을 만큼만 살짝 끓이는 것과 달리, 민물 생선 매운탕은 생선 특유의 흙냄새 때문에 살이 풀어지도록 오래 끓여야 한다. 사람들은 살집이 많은 메기를 좋아하지만 전주의 민물고기로는 모래무지를 알아준다. 보통 '잡어'로 알고 있는 '모래무지'는 민물 생선을 좋아하는 미식가들에게는 반가운 식재료다. 모래무지는 피라미처럼 10~20cm 정도의 비교적 작은 생선인데 강 하루의 모래 속에 숨어 있다고 해서 모래무지라는 이름이 붙었다. 전주가 자랑하는 10가지 식재료인 10미 중 하나다. 매운탕을 끓여도 살이 흩어지지 않고 담백해서 '민물고기 파'들에게는 인기가 많다.

민물새우탕은 투박하면서도 맛이 진하다. 모든 오모가리탕에 들어가는 시래기는 계속 건져 먹어도 남을 만큼양이 많다. 시래기만으로도 밥 한 그릇을 먹을 수 있을정도. 굵은 줄기 부분도 뻣뻣하지 않고 부드럽다. 젓갈이며 김치며 민물 매운탕 집에서 밑반찬에 반하는 일은 다반사. 전주 노포들이 그렇다. 반찬 한 가지도 허투루 내놓지를 못한다. 식사를 끝낼 즈음 가마솥에서 바로 긁어낸 동그란 누룽지를 내준다. 배가 불러 남기면 두고두고생각나는, '겉은 바삭하고 속은 촉촉한' 맛이다.

전주의 전통 식당에서는 모주를 판다.
비빔밥이든, 국밥이든, 오모가리탕이든
모두 모주와 잘 어울리기 때문이다.
입안에 생선의 비린 맛이 남는다든가,
배가 부르지만 입가심이 필요하다든가,
술이 당기는데 소주가 부담스럽다면
주저없이 모주를 권한다.
옛사람들 입맛이 틀린 게 없다.

떡갈비

비빔밥에 균형을 잡아주는 고기 반찬

떡갈비는 궁중에서 임금이 즐기던 고급 요리다. 조선시대에는 치아가 약한 어르신들도 먹을 수 있는 음식이라고 해서 '효갈비'로 불렸다고 한다. 떡갈비라는 이름을 가진 것은 1960년대 이후. 고기를 손질해 떡처럼 모양을 만들어 구웠다고 해서 떡갈비다. 고기를 잘게 다져서 만든 떡갈비는 젓가락질 몇 번으로 쉽게 먹을 수 있기 때문에 아이부터 어른까지 다 좋아한다.

담양을 비롯해서 전라도 전역에서 떡갈비를 먹을 수 있지만 전주에는 유독 떡갈비집을 흔히 볼 수 있다. 비빔밥 전문점에도 떡갈비는 빠지지 않는 메뉴다. 비빔밥이 채소 위주라서 떡갈비로 균형을 맞출 수 있기 때문일까?

비빔밥으로 유명한 '가족회관'의 떡갈비는 사각형의 불
판에 먹기 좋은 크기로 잘려서 나온다. 색을 중시하는 비
빔밥처럼 떡갈비 위에도 노란 달걀 지단으로 장식이 되
어 있다. 한옥마을 안에 있는 '교동떡갈비'는 불판에 동
그랗게 빚어 나온다. 냉면과 세트로 먹는 사람들이 많다.
마찬가지로 냉면을 함께 파는 '에루화'는 숯불에 한 번
구운 넓적한 떡갈비를 주는데, 불판에 한 번 더 익혀가며
잘라먹으면 된다. 야채를 발효시킨 소스에 찍어서 상추
에 싸먹으면 독특한 떡갈비 맛을 즐길 수 있다.

떡갈비와 모주의 페어링은 나무랄 데가 없다. 떡갈비의 양념이 강하면 강한 대로, 약하면 약한 대로 서로의 장점을 살려준다. 교동떡갈비에도 수제 모주를 판다. 약간 점성이 있는 맛인데, 한 모금에도 수제 모주라는 것을 알 수 있다. 기억하시라. 다른 지역에서도 떡갈비는 먹을 수 있지만, 떡갈비에 모주를 같이 즐길 수 있는 곳은 전주뿐이다.

물갈비

맵고 칼칼한 전주식 갈비전골

물갈비는 돼지갈비를 굽는 대신 육수를 붓고 자작하게 끓여 먹는다고 해서 붙여진 이름이다. 맵고 칼칼한 양념에, 전주음식의 감초 같은 콩나물과 당면을 듬뿍 올려서 내주는 전주식 갈비전골이라고 보면 된다. 채워야 할 배에 비해 먹을 것이 부족했던 시절, 고기를 굽는 것보다 끓이면 여럿이 더 나눠 먹을 수 있기 때문에 생겨난 조리법이라고 한다.

물갈비는 전주에서 시작되었다. 원조인 '남노갈비'를 비롯해서 '자매갈비', '이대감집' 등 곳곳에 맛집들이 많다. 어디든 두툼한 돼지갈비와 콩나물, 당면이 공통으로 들어간다. 끓기 시작하면 퍼지기 전에 당면부터 건져 먹고, 큼지막한 돼지갈비는 먹기 좋은 크기로 잘라서 먹으면 된다. 같이 나오는 상추나 쌈무에 갈비 한 점을 올리고 콩나물과 마늘을 싸먹으면 씹는 내내 고개가 저절로 끄덕여진다. 끓일수록 고기에 양념 국물이 배어들어 맛이 깊어진다. 고기를 다 먹어갈 즈음 같은 테이블의 사람들은 '밥 볶아 먹자' 구호 한 마디로 대동단결한다. 남은 양념에 싹싹 볶아주는 철판 볶음밥은 당연히 물갈비의 마지막 코스다.

물갈비에 모주를 곁들여보자. 계피 향이 감도는 시원
한 모주가 물갈비의 매운맛을 잡아주면서 콧등에 맺
힌 땀도 식혀준다. 모주는 한 병으로 취하는 일이 거
의 없기 때문에 대접에 콸콸 따라서 시원하게 들이켜
도 뒤탈이 없다. 물갈비와 모주 조합만으로도 기분 좋
은 포만감이 든다.

황포묵 무침

노랗게 치장한 청포묵

황포묵은 전주다운 음식이다. 외지 사람들에게는 익숙하지 않은 노란 황포묵. 사실 황포묵은 녹두로 만든 청포묵에 치자물을 들인 것이다. 전주를 '미식 창의 도시'라고 말할 수 있는 이유가 이 황포묵에도 담겨있다. 아름다울 '미(美)' 자를 쓰는 원래 의미대로라면 황포묵은 그야말로 '미식'이다. 전주음식은, 맛은 물론이거니와 멋까지 중요하게 생각한다. 게다가 노란색은 전주에서도 귀하게 사용되는 색이다. 과거 관직에는 품계에 따라 관복 색이 정해져 있었다. 하급 관리는 청색의 청포를, 고관들은 붉은색의 홍포를 입었다면, 임금은 노란색의 황포를 입었다. 최고를 뜻하는 색이었던 것이다. 그러고 보니 오방색의 중심에도 노란색이 있다.

황포묵의 재료인 녹두는 천연 해독제로 불릴 만큼 건강한 식재료다. 껍질을 벗긴 녹두를 갈아서 고운 체에 거르면 녹두 전분이 바닥에 가라앉는다. 녹두 전분에 치자 우려낸 물을 섞고 되직하게 끓여서 식히면 바로 황포묵이 된다. 녹두로만 쑨 청포묵이 말간 하얀색이라면, 치자 물을 들여서 노랗게 색을 입힌 것이 전주의 미감이다. 마침 치자도 해독작용이 있는 식재료라 녹두와 궁합도 잘 맞는다. 미식을 만들기 위해 창의를 발휘한 것으로 치자면 황포묵만한 게 있을까? 황포묵은 전주 비빔밥에 빠지는 법이 없다.

전주 미식인 황포묵을 무침으로 먹어보자. 전주 특산물로 유명한 미나리를 넣고 무쳐주는 집도 있고 부추나 각종 야채에 김가루를 버무려져 주는 집도 있다.

가마솥 비빔밥으로 유명한 하숙영 비빔밥집에서 황포묵 무침과 수제 모주를 페어링 해 보았다. 낭창낭창 탄력 있는 황포묵에 계피 향 모주를 마시니 그 조화가 예사롭지 않다. 점심부터 술을 붓고 따르는 호사를 누려보시길. 모주라면 가능하다.

순대국밥

시대의 허기를 채워줬던 뜨끈한 국물

순대국밥만큼 서민적이면서 토속적인 음식이 또 있을까? 순대국밥은 전국 어디서나 먹을 수 있지만, 지역마다 조금씩 다르다. 순대국밥은 돼지국밥의 일종이다. 돼지국밥은 원래 북한 음식인데 피난 내려온 사람들이 부산에 정착하면서 부산이 원조가 됐다는 설이 유력하다. 돼지 뼈를 고아 우려낸 육수에 앞다리살 등의 살코기를 넣고 끓인 것이 돼지국밥이라면 돼지머리에서 발라낸 고기와 순대, 내장을 넣고 푹 끓인 것이 순대국밥이다. 부산이나 대구, 밀양 등 경상도식 순대국밥은 곰탕처럼 국물이 맑거나 뽀얗다. 전주도 국밥으로는 둘째가라면 서러운데, 콩나물국밥 다음으로 순대국밥을 알아준다. 전주의 순대국밥은 보통 다진 양념을 풀어 빨갛게 끓여 나온다.

전주의 남부시장은 한때 전남, 전북, 제주도를 통틀어 가장 큰 장이 섰던 곳이다. 바쁘고 배고픈 짐꾼이나 상인들이 남부시장에서 후루룩 말아먹던 음식이 콩나물국밥이다. 남부시장에 남아있는 피순대 집들을 보면 전주의 순대국밥도 콩나물국밥과 그 유래가 비슷하지는 않을까? 돼지의 막창이나 대창에 선지를 넣어 만든 피순대는 전주의 특산물이다. 남부시장의 '조점례 남문피순대'나 버스 터미널 부근의 '금암 피순대', 중앙시장 부근의 '버드나무 순대'에서 피순대가 들어간 순대국밥을 먹을 수 있다.

순대가 없는 순대국밥을 파는 집도 있다. 전북대 부근의 '덕천식당'은 '순대국밥에 순대가 들어가지 않습니다'라고 내부에 써 놓았다. 45년간 내장국밥을 순대국밥으로 불러왔기 때문에 이름을 바꾸지도, 메뉴를 바꾸지도 않는 것. 머리국밥은 내장대신 머릿고기만 나온다.

같은 순대국밥이라도 이렇게 다양하다. 순대를 넣느냐 마느냐, 어떤 순대를 쓰느냐, 막창이니 대창이니 오소리감투니 내장의 어떤 부위를 많이 넣느냐에 따라 입소문이 나고 손님들은 입맛대로 소문을 따라간다.

순대국밥도 모주와 잘 어울린다. 쌈장보다는, 콜라겐이 많은 머릿고기를 초장에 찍어 한 입 먹고 얼큰한 국물을 떠먹다 보면 모주가 덩달아 잘 들어간다. 순대국밥집의 모주 잔은 보통 투박하고 짙은 색의 대접이다. 서민적인 음식이지만 조금 색다른 분위기로 먹고 싶다면 반주용 술잔 그릇에 변화를 주면 된다. 하얀 도기 잔이나 파격적으로 샴페인 잔은 어떨까? '염병~' 하는 타박 소리가 들리더라도 순대국밥에 취향을 더하는 게 나쁜 건 아니니까.

복국

아침부터 붐비는 노포

원래 복어로 유명한 지역은 부산이다. 남해 연안에서 잡힌 복어가 부산으로 모이기 때문에 부산에는 복어 요리 전문점이 많다. 그러나 부산 외에도 서울, 속초, 진주, 포항 등 전국에 내로라하는 복어 전문점이 포진해 있다. 이들의 공통점은 노포라는 점. 유명한 노포 복어집이 많은 이유는 여러 가지가 있지만, 예부터 경제력 있고 식당을 이리저리 바꾸지 않는 분들을 단골로 확보하고 있기 때문이다.

전주 구도심에 있는 '태봉집'도 복어로는 빠지지 않는 맛집이다. 1976년에 개업했다. 가게는 허름히지만 음식은 깔끔하다. 아침부터 사람들로 붐비는 전형적인 노포다. 복어, 홍어, 아구를 다루는데 복어 맑은 탕을 주문했다. 해장 음식 중 으뜸으로 치는 복어는 미나리, 콩나물과 함께 먹는다. 모두 숙취 해소에 좋은 재료들이다. '복국'이라고도 하고 '복지리'라고 하는 맑은 탕은 양념이 크게 필요 없다. 마늘과 미나리를 듬뿍 넣은 국물만으로도 향긋하고 시원한 맛을 즐길 수 있다. 양질의 단백질과 비타민, 무기질 등 영양이 풍부한 복어는 특유의 식감이 있다. 복껍질은 젤라틴처럼 쫄깃하고, 하얀 속살은 탱글탱글 해서 고기를 뜯어먹는 느낌이다.

태봉집에서는 국물에 들어간 미나리 외에 별도로 미나리를 한 접시 내준다. 복어를 먹기 전에 미나리부터 먼저 건져 먹고, 국물이 끓으면 미나리를 넣어 고기와 함께 먹으라는 얘기다. 우연하게도, 미나리와 콩나물은 전주의 주요 식재료로 꼽는 전주 10미에 해당한다. 그래서인지 미나리와 콩나물로 시원하게 끓인 복국이 전주 향토음식처럼 느껴진다. 미나리도 복어도, 다진 마늘을 듬뿍 넣은 이 집의 수제 초장에 찍어 먹으면 더 맛있다.

복어를 다 건져 먹었다 싶었을 때 복어 '이리'를 서비스
로 내주었다. 수컷 복어의 '정소'에 해당하는데, 복어 내
장 중 독이 거의 없는 부위다. 연두부처럼 물컹해서 젓
가락으로 집으면 형태가 부서진다. 따듯한 이리는 흐물
흐물 부드럽다.

태봉집에는 수제 모주를 판다. 수제 모주는 맛과 향이
조금씩 다르다. 예전에는 모주도 집집마다 직접 만드
는 가양주였다고 하는데 지금은 몇몇 가게에서만 수
제 모주를 맛볼 수 있다. 태봉집의 수제 모주는 복어
와도 궁합이 좋다. 맑은 복국과도 좋지만 맵싸하고 얼
큰한 복어 매운탕과도 그만이다.

고구마순 감자탕
시래기와 바통 터치한 고구마 순

감자탕은 전국 어디서나 쉽게 먹을 수 있는 음식이다. '여기가 본고장'이라고 주장할 만한 근거가 확실하지 않다. 누구는 전라도의 보양식에서 유래했다고 하고, 누구는 경인선 철도 공사에 많은 인력이 동원되어 인천의 대표 음식으로 자리 잡았다고도 한다. 감자탕이라는 이름에 대한 '설'도 분분하다. 감자탕의 감자는 '포테이토'가 아니라 돼지 등뼈의 척수를 '감자'라고 한 데서 유래되었다고 하고, 알감자가 들어간다고 해서 감자탕이라는 주장도 있다. 어느 것도 정설은 아니다. 다만 감자탕을 둘러싼 많은 '설'이 있는 것은 그만큼 많은 사람들에게 저렴하지만 실속 있는 영양식으로 사랑받아왔기 때문이다.

감자탕은 돼지고기 등뼈와 목뼈를 푹 삶고 여기에 시래기나 우거지, 감자, 깻잎, 들깨 등을 넣고 얼큰하게 양념하여 자작하게 끓인 요리다. 젓가락으로 고상하게 먹으려고 하면 '화딱지'가 날 수 있다. 푹 삶은 등뼈를 손에 들고 야무지게 발라 먹어야 제대로 먹을 수 있다.

시래기 대신 고구마 순 감자탕을 맛볼 수 있는 곳이 있다. 고구마 순은 겉껍질을 벗겨 조리하면 아삭아삭한 나물로도, 김치로도 맛있게 먹을 수 있는 식재료다. 우유보다 칼슘이 풍부하고 칼로리는 낮은 대신 섬유질이 풍부해서 다이어트에도 좋다.

'육일식당' 감자탕은 고구마 순을 산더미처럼 올려서 주
는 것으로 유명하다. 고춧가루에 버무려 살짝 뻣뻣한 상
태의 고구마 순은 국물이 끓으면서 적당히 물컹하고 부
드러워진다. 고깃국물과 얼큰한 양념이 배어들어 고구
마 순만으로도 밥도둑이 따로 없다.

감자탕 집에도 모주를 판다. 얼큰한 감자탕과 모주는 잘 어울리는 한 쌍이다. 오전이든 점심이든 모주는 취할 염려가 없으니 당당하게 주문할 수 있다. 감자탕의 양념이 진하고 맵기 때문에 모주의 맛은 상대적으로 가벼워진다. 역시 얼큰한 탕에는 모주가 약방의 감초다.

돌솥밥

한 살 한 살 나이 먹어가는 당신에게

돌솥에 지은 밥은 유난히 맛있다. 1인분 양이니 쌀에 열이 고루 전달되고, 온도를 오래 유지하는 돌의 특성상 맛있게 뜸이 들기 때문이다. 곱돌을 갈아서 만든 '돌솥'은 전북 장수군에서 처음 만들기 시작했다고 한다. 조선시대에 이미 곱돌로 만든 구이용 판을 왕에게 진상했던 기록이 남아있다고 하니, 돌솥은 생각보다 역사가 길다.

전주에는 곱돌 돌솥밥을 최초로 개발한 '명인'이 있다. 전주의 '반야 돌솥밥'은 돌솥비빔밥의 원조격이다. 밥에 밤, 은행, 콩, 우엉, 당근 등의 채소를 넣고 지어 밥 한가운데 달걀노른자를 올려서 내준다.

양념간장을 넣고 비벼 먹으면, 몸에 좋은 '비건 식'을 먹은 기분이다. 깻잎과 겉절이 등 찬과 함께 밥을 다 먹고 나면 바닥에 누룽지가 남는다. 뜨거운 물을 부어 숭늉으로 마셔도 좋지만 숟가락 끝에 힘을 주고 긁어먹는 재미도 놓칠 수 없다. 바삭바삭 오도독 씹히는 누룽지를 먹어야 돌솥밥의 끝이라고 할 수 있다.

수제 모주를 주문했더니
찰랑찰랑 대접이 넘칠 정도의 모주가 나왔다.
모주와 돌솥밥은 잘 어울리는 한쌍이다.
약재와 계피를 넣어 만든 모주와
견과류를 넣고 지은 돌솥밥.
서로가 서로에게 어화둥둥 내 사랑이다.

Course 2

돌문어 숙회

먹을 수 있을 때 먹어둬야 하는 영양식

문어는 고급 해산물이다. 식용 문어는 크게 두 가지. 보통 동해에서 잡히는 10kg 이상의 대문어와 다 커도 3.5kg밖에 되지 않는 돌문어로 나뉜다. 시장이나 마트에서 동그랗게 말려 있는 붉은 문어가 보이면 그건 십중팔구 삶은 돌문어(자숙문어)다. 돌문어는 참문어라고도 하는데 6월 초에서 9월 말이 제철이고 남해와 제주도 인근에서 잡히는 종이다.

전주의 미식, 돌문어 숙회를 먹어 보기로 하자. 노포 아우라를 풍기는 식당에 들어가 돌문어 한 마리를 시키면 탱글탱글한 돌문어가 채반에 올려져 나온다. 머리는 한 번 더 익혀야 히기 때문에 잘라서 주방으로 다시 가져간다. 문어의 몸통이 어디인지 질문을 받으면 잠깐 주춤하게 되는데, 동그란 머리가 바로 분어의 몸통이다. 문어는 머리에 다리가 붙어있는 두족류이기 때문에, 머릿속에 먹물만 있는 것이 아니라 내장기관이 다 들어있다.

먹기 좋은 크기로 다리를 잘라서 초장에 찍어 먹어보았다. 부드러우면서도 쫄깃하다. 꿀꺽 목구멍으로 넘어갈 때까지 문어의 풍미가 입안에 남아있다. 전주 객사길의 해산물 전문점 '초장집'은 초고추장에 들어가는 식초를 직접 만든다고 한다. 다진 마늘 한 스푼을 올린 초장에 문어를 찍어 먹다 보면 젓가락이 빨라진다. 다리를 야무지게 먹고 있으니 잘 익힌 머리가 한 줌이 되어 돌아왔다. '머리의 귀환'을 핑계로 잔을 한 번 더 부딪친다. 고소하고 비릿하며 짭조름하고 부드럽다.

문어는 영양 덩어리다. 문어의 영양 성분을 알면 문어를 먹지 않는 건 손해라는 생각마저 든다. 필수 아미노산의 일종인 타우린이 풍부해서 간의 회복에 탁월하다고 한다. 그뿐인가. 혈중 콜레스테롤 수치를 낮춰 혈액을 맑게 하고 혈관에 탄력을 준다고 한다. 인슐린 분비를 촉진시켜 당뇨병 예방과 개선에도 좋다. 눈 건강에도 좋고, 세포 노화도 예방하고 아이들 발육과 두뇌발달에도 좋다고 하니 문어는 먹을 수 있을 때 먹어두자.

모주와의 페어링은 어떨까? 강경 소주파들에게는 씨도 먹히지 않을 얘기다. 그러나 색다른 페어링을 시도하고 싶은 모험가 타입이라면 모주를 권한다. 살짝 비릿할 수 있는 문어의 풍미를 모주의 계피 향이 잡아준다. 흥청망청 취하지 않고 쫄깃한 문어의 식감을 맨정신으로 끝까지 즐기고 싶은 미식가라면 모주도 한번 시도해 볼 만하다.

라멘

모악산을 등반한 기분

라멘이 먹고 싶을 때가 있다. 라면 말고 돈코쓰 국물의 라멘. 돼지 등뼈를 푹 끓인 육수에 일본식 된장인 미소나 간장으로 간을 한 일본식 면 요리말이다.

배달해서 먹어도 좋지만 라멘은 라멘집에서 먹어야 기분이 난다. '이랏샤이마세!'라고 합창하듯 손님을 맞는 라멘집에 들어가 주방장을 마주하고 바에서 먹을 때 가장 라멘다운 라멘을 먹는 기분이다.

전주에도 라멘 맛집은 많다. 그런데 '전주 콩나물 라멘' 메뉴를 개발한 집이 있다고 해서 찾아갔다. 전주 고속 터미널 부근의 '멘야케이'. 이미 현지인들에게는 알려진 맛집이다. 멘야케이의 대표는 40년 전통을 가진 도쿄의 라멘집에서 오래일한 경력을 가진 셰프다. 그래서 멘야케이의 기본은 도쿄식 쇼유 돈코쓰 라멘이다. 도쿄식이라고 하면 보통 돼지뼈와 닭뼈를 함께 우려낸 국물을 쓴다.

'전주 모악산 콩나물 라멘'을 주문했다. 토치(torch)를 하지 않은 얇고 큼지막한 차슈를 그릇 가장자리에 빙 둘러 만개한 꽃처럼 장식했다. 그리고 한 가운데 콩나물을 산처럼 쌓고 '모악산'이라는 작은 푯말을 꽂아 이 집의 시그니처 메뉴를 완성했다.

맛은 주관적이라 누군가에게는 기가 막히게 맛있는 음식도 누군가에게는 기대에 못 미칠 수 있다. 그러나 그 집에 가야 할 이유가 있다면 이야기는 달라진다. 그곳이 아니면 경험할 수 없는 메뉴가 있다면 '거기 가보자'라고 동행하는 사람들을 설득하는 포인트가 된다. '전주 모악산 라멘'이 그랬다. 보통 라멘집에서 숙주를 많이 쓰지만 멘야케이에서는 전주의 특산물인 콩나물을 비린내 없이 아삭하게 삶아 산처럼 쌓았다. 그리고 '콩나물 산'을 전주 남쪽에 자리한 '모악산'으로 표현한 것이 재미있었다. 얇은 차슈와 김에, 콩나물과 다진 마늘을 듬뿍 올려 싸먹어 보라고 셰프가 권했다.

국물은 고춧가루와 다진 마늘이 들어가서 얼큰한 콩나물국밥이 생각난다. 더 칼칼하게 매운맛을 원하면 청양고추를 달라고 하면 된다. 아삭거리는 콩나물과 면을 같이 후루룩 먹고 나면 모악산이 온데간데없다. 콧등에 땀이 조금 맺혀 있으니 모악산을 등반한 기분이다.

라멘을 먹고 식후주로 모주를 한잔 마셨다. 콩나물국밥과 모주만큼이나 합이 좋았다. 짭조름하고 진한 국물 맛을 모주가 마무리해 준다.

일식이든 중식이든 한식이든 모주와 의외로 어울리는 음식은 많다. 아직 우리가 먹어보지 못했을 뿐.

파스타

이 누들의 변주는 끝이 없다

파스타만큼 포용력 있는 음식이 있을까? 해산물, 육류, 채소 등 수많은 재료와 잘 어울리며 심지어 주인공 자리를 내주기까지 한다. 새우를 넣으면 새우 파스타, 김치를 넣으면 김치 파스타가 되어 재료를 더 돋보이게 해준다. 다채로운 변주가 가능하기 때문에 전문 셰프들은 저마다 고유한 레시피를 개발한다.

고소하지만 자칫 느끼할 수 있는 크림소스에 청양고추를 넣은 국적 불명의 파스타 맛집을 찾았다. 전주 객사길에 있는 '무국 무국적식당'의 '새우 청양 크림파스타'. 통통한 새우와 진한 크림, 여기에 청양 고추를 얇게 썰어 넣었다. 볶은 여수 갓김치에 베이컨을 넣온 '베이컨 GOD 김치 파스타'도 있다. 감성 충만한 공간에 일반적이지 않은 메뉴들. 무국적식당은 다양한 재료의 조합을 실험하는 곳이다. 이탈리아 음식점 '라볼타'에서는 클래식한 시칠리아식 가지 파스타를 맛볼 수 있다. 토마토 소스에 토마토와 식감이 비슷한 가지를 굵게 잘라 넣었다. 직접 뽑은 자가제면 생면에 가지, 토마토, 프로볼로네 치즈를 넣어 시칠리아 맛을 재현했다.

또 다른 감성 공간을 찾았다. '바지락 술 찜 파스타'가 있는 곳이다. 내부가 다 보이는 통유리에 노란 불빛이 새어 나오는 이곳은 전라감영 부근의 요리주점 '보라식당'이다. 도기로 된 테이블 웨어를 보면 영락없는 일식 분위기. '우동 그릇'에 한가득 담겨 나온 것은 바지락이 가득 담긴 파스타다. 접시에 나오는 파스타와 첫인상부터 다르다. 국물을 떠먹어가며 면을 후루룩. 바지락을 까먹으니 껍데기가 한가득이다.

이곳이 맛있다, 저곳이 맛있다를 이야기하기는 섣부르다. 맛은 주관적이고 기준도 사람마다 다를 테니까. 그러나 적어도 전주하면 곧바로 한식을 떠올리지 말라는 것. 무국적 파스타부터 클래식한 토마토 파스타, 일본 스타일의 파스타까지 전주의 미식 장르는 그렇게 단조롭지 않다.

'파스타에 와인'이라는 공식을 잠깐 내려놓고, 파스타를 돌돌 말아 입에 넣고 모주를 곁들였다. 같은 모주라도 파스타에 따라 모주 맛이 달랐다. 크림 파스타와 함께 한 모주는 개운하게 느껴졌고, 토마토 파스타에 모주는 와인처럼 자연스러웠으며, 짭조름한 바지락 술찜 파스타에 모주는 달달하게 느껴졌다. 이런 게 바로 모주 페어링의 재미가 아닐까?

간장게장

게장은 못참지

순식간에 밥 한 공기를 해치우게 하는 밥도둑들이 있다. 사람마다 입맛이 다르기 때문에 밥도둑 순위가 오르락내리락할 수는 있어도, 전 국민을 대상으로 한 순위라면 밥도둑 10위권에 간장 게장이 빠지는 일은 좀처럼 없을 것이다.

전국 어디나 맛있는 간장게장 집이 있다. 전 국민의 입맛을 사로잡은 간장게장인데 지역마다 알아주는 맛집이 적어도 하나쯤은 있기 마련이다. 전주에는 '오픈런'을 해야 하는 간장게장집이 있다. 맛도 맛이지만 매일 200마리 한정 판매라는 원칙을 고수하기 때문에 11시 오픈에 맞춰 가지 않으면 기다릴 각오를 해야 한다. 12시 점심시간에 가면 '식사 끝났습니다'라는 믿기 어려운 소리를 듣고 발길을 돌려야 할지 모른다. 전주 혁신도시에 있는 '전주 총각네 게장' 이야기다. 11시 15분에 도착했는데 이미 만석이다. 메뉴는 간장게장과 양념게장, 그리고 둘 다 맛볼 수 있는 정식으로 구성되어 있다. 게장이 우선이라 꽃게 라면 등 다른 메뉴는 눈에 잘 들어오지 않는다.

게장은 100% 연평도 산이라고 한다. 연평 어장은 다른 지역에 비해 수심이 얕고 물살이 빨라 꽃게가 서식하기 좋은 환경이다. 연평도는 조업일수를 180일로 제한하고 게의 산란기를 위해 봄에는 4월에서 6월, 가을에는 9월에서 11월만 조업을 한다. 조업 기간에는 꽃게 잡이와 선별, 포장으로 섬 전체가 난리다. 게장으로는 알이 꽉 차는 봄철 암게가 맛있다. 그래서 봄철 암게를 냉동했다가 1년 내내 쓰는 식당들도 많다.

밥도둑을 앞에 두고 연평도 얘기가 길었다. 게장은 일단 눈으로 한번 먹는다. '맛있겠다' 소리를 한번 해줘야 게장에 대한 예의다. 게는 크지도 작지도 않고, 간장은 짜지도 비리지도 않다. 게장 특유의 아린 맛이 없어서, 양파와 청양고추 등을 올려서 밥 한 공기를 뚝딱 비울 수 있다. 양념게장은 꾹 눌렀을 때 껍질 사이로 빠져나오는 살과 매운 양념 맛이 전부인데, 이것만으로도 밥 한 공기 감이다.

매일 200마리 한정을 고집하는 게장 집과 달리 무한리필로 간장게장에 한을 풀게 하는 집이 있다. 덕진구 호성동에 있는 '백제 간장게장' 집이다. 오해 마시길. 무한리필에 대한 편견을 깨는 집이니까. 리필용 게장을 따로 선별하지 않고 처음 제공되는 게장과 똑같은 게장을 마음껏 먹을 수 있다. 이곳도 서해안 꽃게만을 100% 사용한다. 막걸리도 무한 제공이고 간장게장도 무한 리필이니 이보다 후한 집이 또 있을까.

딱 적당히 간이 배어 짜지도 않고 단맛으로 감칠맛을 내서 백제간장게장 집에서 간장게장에 입문했다는 사람들도 많다. 게장 미식가들에게도 인정받는 집. 휴무일인 화요일에 갔다가는 무한리필이고 뭐고 헛걸음이다.

간장게장을 먹다 보면 음료수가 당긴다. 아무리 짠맛이 강하지 않은 집이라고 해도 간장 양념이니 당연한 몸의 반응일지도 모른다. 아, 이 고급 진 요리에 탄산음료를 먹었던 지난날의 나를 반성했다. 전주의 게장 집에서는 모주를 팔지 않는다. 그러나 모주가 있으면 참 좋겠다. 비닐장갑을 낀 채 껍질을 우두둑 씹으며 살을 발라먹는 원시적인 식사법에, 모주가 한 잔 있으면 균형을 잡아줄 것 같은 느낌. 알코올은 마실 상황이 아니고, 탄산음료는 게장의 격에 못 미친다는 생각이 들 때 모주만한 대안이 없다. 실제 페어링 해보니 상상했던 그대로다. 술 먹는 기분도 나고, 입안도 개운하고, 게장 맛도 살려준다.

물짜장

짜장면과 짬뽕 그 사이

아무리 식당이 많은 도심이라도 직장인들은 '점심에 먹을 게 없다'. 옷장이 터질 것 같아도 '입을 옷이 없'는 여자들처럼. 마땅히 갈 곳을 정하지 못하고 머뭇거리다 보면 꼭 이렇게 말하는 사람이 있다. '짜장면이나 먹을까?'. 우리말의 조사에는 뉘앙스가 있다. 짜장면은 왜 항상 '짜장면이나'일까? 심지어 오랜만에 먹어도 '우리 오랜만에 짜장면이나 먹을래?'다.

전주로 여행을 오면 짜장면에 대한 대접이 달라진다. '전주 왔으니 물짜장은 먹고 가야지' 하는 사람들이 많다. 하찮은 메뉴 대안에서 메인 자리를 꿰차게 된다고 할까.

'물짜장'은 전주식 짜장면이다. 전라도 다른 지역에서도 먹을 수 있지만, 물짜장 하면 전주가 먼저 떠오른다. 물짜장은 짜장면과 짬뽕 그 사이에 있다. 춘장을 쓰지 않기 때문에 우리가 아는 짜장면이 아니고, 국물이 없으니 짬뽕도 아니다. 새우, 조개, 오징어 등 해산물과 채소를 넣고 전분 소스로 볶아내어 국물이 걸쭉하다. 간장과 된장, 고춧가루를 넣느냐 마느냐, 어떤 비율로 배합하느냐에 따라 식당마다 맛과 색이 조금씩 다르다.

한옥마을의 '교동집'은 그나마 순한 편이지만, '노벨반점'의 물짜장은 짭조름하기도 하고 제법 맵다. 매스컴을 탄 이후 줄 서는 집이 됐지만 물짜장 맛집은 전주에 많다. 번화가에서 조금 떨어진 곳이지만 일부러 찾아오는 사람이 많은 '진미반점'은 된장 짜장이 인기 메뉴다. 해물은 기본이고 돼지고기까지 푸짐하다. 간짜장처럼 된장 짜장 소스를 면과 따로 주기 때문에 입맛에 맞게 적당량을 덜어서 비비면 된다.

엄격히 말해서 짜장면은 향토음식이 아니지만 물짜장은 어느새 전주를 대표하는 음식이 되어 버렸다. 한옥마을 안에 있는 '신대유성' 식당의 물짜장 조리법은 보존, 계승 가치를 인정받아 2018년 '한국 전통문화전당'에 타임캡슐로 봉입되기도 했다.

입가에 시커멓게 묻혀가며 먹어온 짜장면. 오랜 세월 틀에 박힌 음식을 새롭게 접근한 물짜장 한 그릇에도 전주의 창의성이 있다. 창의 미식이란 이런 게 아닐까? '요로코롬 머거야 쓰것네' 하면서 전주식으로 솜씨를 부려보는 것 말이다.

중국집에서 술이라면 고량주나 이과두주가 상식이지만, 여기는 전주니까 전주를 상징하는 모주와 물짜장을 페어링해도 어색함이 '1도 없다'. 이전의 경험으로 짐작했지만 매운 음식과 모주의 조화는 두말하면 잔소리다. 입안의 얼얼한 매운맛을 중화시켜 주는 모주. 매운 물짜장만으로 뭔가 허전할 때 모주는 반가운 대안이다. 짜장도 아니고 짬뽕도 아닌 물짜장처럼.

가지 요리

여러 '가지' 조리법

가지는 호불호가 심한 채소 중 하나다. 물컹물컹한 식감을 싫어하는 사람들에게도 '가지 덴가쿠'만큼은 권하고 싶다. 가지는 일본어로 '나스'라고 한다. 메뉴를 펼쳤을 때 가지 덴가쿠 혹은 나스 덴가쿠가 있다면 그것은 달달한 일본 된장을 발라 구운 가지 요리를 말한다.

전주에는 특별한 나스 덴가쿠를 맛볼 수 있는 곳이 있다. 중국식 가지 튀김에 소고기 카레를 얹고 치즈를 녹여낸 카레 나스 덴가쿠. 객사길에 위치한 '무국적 식당'의 무국적 덴가쿠 요리다. 한 입 베어 물면 바삭한 튀김 옷 속에 숨어있던 가지가 선명한 보라색을 드러낸다. 가지에 저항해 왔던 사람도 튀긴 가지와 카레, 치즈의 조합에 항복할 가능성이 높다.

가지는 토마토와 함께 시칠리아 사람들이 즐겨 먹는 식재료 중 하나다. 일조량이 풍부하고 온화한 지중해성 기후인 시칠리아의 가지는 특히 맛이 좋다고 한다. 이탈리아 식당인 '라볼타'의 가지 요리는 시칠리아 식이다. 가지를 세로로 얇게 썰어서 모차렐라 치즈를 넣고 돌돌 만 후, 토마토소스를 바르고 파마산 치즈로 마무리한 요리다. 그래서 메뉴 이름도 '모차렐라 치즈로 속을 채운 가지구이'. 누군가는 가지의 물컹함이 싫겠지만 누군가는 가지의 물렁한 식감에 환장한다.

시칠리아식 가지 구이와 모주는 개성 있는 페어링이다. 누군가에게 폼 나게, 그러나 가볍게 대접하고 싶을 때 생각날 것 같은 구성이라고 할까. 나스 덴가쿠와 모주의 조합은 다국적의 끝판왕이다. 가지만큼이나 호불호가 있을 수 있지만, 뜨겁게 튀겨낸 가지와 짭조름한 고기 토핑에 시원한 모주는 세트라고 해도 이상할 게 없을 듯했다.

나스 덴가쿠를 몇 개쯤 먹은 후에 입안에 살짝 기름진 느낌이 남아 있다면 그때가 모주를 마시는 타이밍이다. 의외의 개운함이 있다.

들깨 삼계탕

삼계탕에 오메가3를 더하다

우리가 흔히 먹고 있어서 그 가치를 모르는 식재료들이 있다. 들깨가 그렇다. 렌틸콩이나 병아리콩, 헴프 시드가 세계 10대 슈퍼푸드라는 것을 잘 알고 있는 사람들도 들깨를 슈퍼푸드라고 하면 의외라는 반응이다. 들깨는 오메가3의 함유량이 높아서 몸속의 독소를 제거하고 노폐물도 배출하며 성인병 예방에 좋다. 체내에서 만들어지지 않기 때문에 오메가3가 함유된 영양제를 챙겨 먹는 사람들도 많다. 말하자면 들깨는 천연 오메가3인 셈이다. 들깨는 짜서 들기름으로 먹거나 들깨가루를 다양한 탕 요리에 넣어 먹는다. 우리가 잘 알고 있는 깻잎은 바로 들깨의 잎이다.

들깨 삼계탕으로 복날이면 인산인해를 이룬다는 전주의 맛집을 찾았다. 삼계탕은 닭에 삼과 찹쌀을 넣고 푹 고아낸 음식이다. 몸이 허해졌을 때 혹은 허해질까 봐 먹는 대표적인 보양식. 삼계탕 식당마다 넣는 재료가 조금씩 다른데, 들깨 요리 전문점인 '청학동 들깨요리'의 삼계탕은 닭과 국물로 진검승부를 보는 집이다. 딱 적당히 익은 김치로 마지막 승부를 끝낸다고 할까.

들깨 맛이 강하기보다는 들깨가 국물과 하나 되어 걸쭉하게 진한 맛이다. 삼계탕은 열심히 먹어야 제맛을 느낄 수 있는 음식이다. 뼈는 야무지게 발라먹고, 야들야들한 껍질과 퍽퍽한 가슴살을 소금에 찍어먹다 보면 뼈는 쌓이고 어느새 밥과 국물만 남는다.

코에 땀이 맺힐 때쯤 뚝배기가 바닥을 보인다. 배가 부르지만 단순한 포만감이 아니다. 이건 미식을 넘어 마음에 안식을 주는 음식이다. '영혼의 닭고기 수프'는 삼계탕을 두고 하는 말이 틀림없다.

구수한 들깨 국물이 일품인 삼계탕과 모주를 페어링해보았다. 낮의 모주는 이래서 좋다. 소주나 막걸리처럼 취하는 것도 아니고 술 기분은 낼 수 있으니까. 입안에 남는 삼계탕의 기름진 맛을 모주가 씻겨 주는 것 같았다. 기름진 음식 뒤에 진한 수정과를 마신 것 같은 개운함. 삼계탕도 모주도 크게 보면 '전통'이라는 같은 모집단에 속해서일까. 들깨 삼계탕과 모주는 이웃사촌 같다.

치킨

프랜차이즈 치킨이 꼼짝 못하는 치킨 용사들

프랜차이즈 치킨에 길들여져 있다면 전주에서 로컬 치킨을 먹어보자. 특별한 조리법으로 소문난 맛집들이 많다. 메밀 치킨을 먹을 수 있는 곳은 '에루화'. 치킨과 냉면이라는 이색적인 조합으로 입소문이 났다. 원래 메밀 치킨을 팔던 '메밀방앗간'이 철수하고, 떡갈비와 냉면을 파는 '에루화'로 합쳐지면서 메밀 치킨과 냉면이 한 집에 동거하게 됐다. 에루화의 메밀 치킨은 밀가루 대신 메밀가루를 입혀 튀기기 때문에 바삭함의 정도가 프랜차이즈 치킨과는 다르다. 시원한 물냉면이나 매콤한 비빔냉면과 같이 먹으면 '치냉'의 세계에 입문할 수 있다.

프랜차이즈 치킨들도 고추로 맛을 낸 메뉴를 앞다투어 내놓고 있지만, 수제 고추 치킨을 따라잡기는 힘들다. 만화 제목 같은 '영동슈퍼닭발'은 전주의 유명한 '가맥' 중 하나인데, 이곳의 '매콤 고추 통닭'은 치킨 덕후들도 감동하는 맛이다. 가맥은 '가게 맥주'의 줄인 말. '동네 슈퍼'에서 간단한 메뉴를 시켜 놓고 싸게 술을 마실 수 있는 전주의 고유한 술 문화다.

'영동슈퍼닭발'이라는 이름에는 스토리가 있다. 1991년에 시작한 이곳은 닭발 튀김 서비스로 인기가 많다. 지금도 맥주를 3병 이상 시키면 닭발 튀김을 서비스로 준다. 그래서 '영동슈퍼'라는 가맥집 이름에 '닭발'이 붙었다. 매콤 고추 통닭은 잘게 썬 청양 고추를 반죽에 섞어 튀긴 치킨이다. 고추 맛이 느껴질 정도는 아니다. 찍어 먹는 특제 소스에 청양고추가 들어있어서 매콤한 고추 치킨을 즐길 수 있다. 몇 년 전 전주영화제 때 영화배우 이선균과 정우성이 다녀간 집으로도 화제였다.

어디 그뿐인가. 한옥마을 부근에는 50년간 전기구이 통닭 집을 운영하는 '꼬꼬 영양 통닭'도 있다. 전기구이로 기름을 뺀 통닭은 옛날식 통닭 느낌 그대로다. 껍질은 노릇노릇하고 속살은 부드럽다. '해태바베큐'는 이름에서 못 박았듯이 메뉴가 바비큐 딱 한 가지다. 숯불에 1차로 구운 후 매콤한 양념과 치킨을 버무려 뜨거운 불판 위에 내준다. 30년간 한 가지 메뉴로 승부를 본 노포의 양념이니 맛은 두말하면 잔소리다. 매운 치킨을 거의 다 먹어갈 즈음 사람들은 주섬주섬 즉석밥과 삼각김밥을 꺼낸다. 식당에 오기 전, 부근의 편의점에서 각자 사온 것들이다. 뿌려 먹는 모차렐라 치즈와 조미 김까지 챙겨오면 고수 축에 속한다. 식당에 있는 전자레인지로 즉석밥을 데울 수 있다. 치즈와 김을 뿌려 밥까지 야무지게 볶아서 마무리하는 것이 이 집의 '국룰'로 통한다. 메뉴는 하나, 손님들은 즉석밥을 미리 준비해오는 집. 이 허술하면서도 인간적인 식당을 어디서 또 볼 수 있을까.

매운맛으로 보나 분위기로 보나 술은 필요하다. 그러나 마시다 보면 술을 마시러 온 건지, 닭을 먹으러 온 건지 헷갈리기 십상. 이럴 때 모주가 생각난다. 매운 볶음 요리일수록 모주의 단맛은 밸런스를 잡아준다.

시대와 세대를 넘나드는 레트로 느낌이야말로 모주의 감성이니까.

스시

"밥 알이 몇 개고?"

스시를 먹으러 전주를 가는 사람은 별로 없을지 몰라도, 여행을 왔다가 스시를 먹고 전주를 다시 보게 되는 사람은 많을 수 있다. 전주에도 고급 오마카세와 스시 전문점이 많다. 음식평론가에 버금가는 '비공식 민간 평론가'들이 많기 때문에 스시는 함부로 얘기할 품목은 아니다. 그런데 재미있게도, 스시에서 '회'만큼이나 '밥'에 자신감을 보이는 전주의 한 스시 전문점을 발견했다. 전주는 호남평야가 가까워서 예부터 쌀밥이 맛있기로 유명하다. 스시에서도 통하는지 궁금했다. 물론 쌀밥이 좋은 것은 재료에 불과하고, 그 밥을 어떻게 짓고 어떻게 단촛물을 만들어 고수의 손을 거치는지가 스시의 맛을 좌우한다. 스시의 '밥'을 일본어로 '샤리'(シャリ)라 하고, 밥 위에 올린 것을 '네타(ネタ)'라고 한다. 네타가 초밥의 이름을 결정한다. 광어가 올라가면 광어 초밥, 고등어가 올라가면 고등어 초밥이 되는 원리.

드라마 '재벌집 막내 아들'에서 순양 그룹 진양철 회장의 대사가 세간에 화제가 된 적이 있다. 초밥에 있어서 최고를 자부하는 셰프에게 "밥알이 몇 개고" 묻는 장면. 당황하며 대답을 못하는 셰프만큼이나 보는 사람들에게도 초밥의 샤리 부분을 주목시킨 질문이었다. '낮에는 320개, 술과 함께 낼 때는 배부르지 않게 280개가 적당'하다고 했지만, 그만큼 자만하지 말고 정진하라는 행간의 의미가 더 크다.

큰 길에서 조금 들어온 중화산동의 언덕 골목. 예쁜 집 한 채가 눈에 띈다. '스시아시타'라는 간판도 작고, 숨겨놓은 듯 입구도 작다. 초인종을 누르면 문을 열어준다. 안에서 식사하고 있는 분들에 대한 배려라고 한다. 오른쪽으로는 스시 바, 왼쪽에 홀을 배치했다. 샤리의 자신감은 벽면의 문구에서 한 번 더 강조된다.

일본의 스시 장인들은 수년간 고된 밥 짓기 수련을 받는다고 한다. 초밥의 밥은 풀어지지 않게 '쥔다'라고도 하고 손끝으로 가볍게 '말아낸다'고도 한다. 젓가락으로 집었을 때 풀어지면 좋은 스시가 아니다. 입에 들어가는 순간 부드럽게 풀려야 좋은 스시다.

식초에 양념을 더한 촛물을 '초데리'라고 하는데 우리말과 일본어의 기막힌 조어다. '데리'란 요리에 윤을 내기 위해 바르는 양념. 이 앞에 식초를 뜻하는 '초'자를 붙인 것이다. 일본어로는 '스시조'라고 한다.

스시아시타의 인기 메뉴 중 하나는 12개 프리미엄 초밥 세트다. 메뉴는 제철에 따라 달라질 수 있는데 흰 살 생선과 연어, 장어, 참치 속살인 아카미와 뱃살인 도로, 후토마키 등을 맛볼 수 있었다. '네타'도 일품이지만 '샤리'와 얼마나 하나가 되었는지 신경쓰며 먹어보았다.

'스시와 모주'가 가당키나 한 소리냐 할 수 있지만 페어링은 다양한 실험으로 확장되는 것이라 믿고 식전주로 모주를 마셨다. 어떤 잔에 마시느냐에 따라 페어링의 느낌은 다르다. 얇고 긴 샴페인 잔에 모주를 따라보았다. 슬림한 잔에 담긴 모주는 또 다른 격을 갖추었다. 깔끔한 스시와 달큼한 모주. 스시에 하이볼이나 아이스 맥주만 어울리라는 법이 있나.

막걸리 한 상

살면서 이런 상은 받아봐야 한다

'막걸리 한상' 차림은 전주의 독특한 술 문화다. 막걸리 한 주전자만 시키면 알아서 음식이 한 상 가득 나온다. 이렇게 내주고 남는 게 있을까 싶을 정도로 푸짐하다. 주머니 사정이 넉넉치 않은 서민들이 찾게 되면서, 막걸리 가게들이 줄지어 있는 '막걸리 골목'이 생겨났다. 삼천동, 인후동, 서신동 등에도 막걸리 집이 많지만, 사람들로 가장 붐비는 곳은 '삼천동 막걸리 골목'이다. 전주의 미래유산으로도 지정되었다. 매스컴에 소개된 곳들이 많아서 가게마다 플래카드가 걸려있다. 관광지화 된 것도 사실이다. 그러나 전주는 음식 자부심이 강한 곳이다. 가게 주인부터 맛에 대한 기대치가 높고 입맛이 까다로워서 주인의 성에 차지 않는 음식은 내놓지 않을 분위기다. 전주에서 밥집을 다녀보니 그런 믿음이 생겼다.

빈자리가 나기를 기다렸다가 '남도집'에 들어갔다. 막걸리는 맑은 술과 탁주 중 고를 수가 있다. 맑은 술은 막걸리를 가라앉혀 맑은 윗부분만 담아낸 술이다. 톡 쏘지만 시원하고 깔끔하다. 남도 한상을 주문하면 750㎖ 막걸리 3병이 들어간 주전자와 음식이 나온다. 수제 두부김치, 매콤새콤한 오징어무침, 큼직한 조기구이, 감칠맛나는 동죽조개찜, 육전, 집 된장에 청양고추로 칼칼한 맛을 살린 우거지 된장국, 간장게장 밥, 저염 백명란 찜, 닭 가슴살 볶음, 홍어삼합까지 종류도 다양하다. 단품으로 먹어도 꽤 비용을 치러야 할 음식들인데, 그릇 위에 그릇을 포개야 할 정도로 계속 나온다.

여기는 막걸리집이다. 모주가 낄 자리가 아니다. 그러
나 차례로 나오는 음식과 모주의 페어링이 궁금했다.
홍어삼합과 모주에서는 모주가 나가떨어지는 느낌.
그러나 백명란 찜의 섬세한 맛에는 막걸리보다 모주
가 나았다. 수제 간장으로 양념한 닭 가슴살 채소 볶
음과 물총 조개라고도 불리는 담백한 동죽조개찜도
모주가 제법 잘 어울렸다. 무슨 소리냐고 막걸리가 우
기면 할 말은 없다. 여긴 막걸리집이니까.

팥죽과 팥칼국수

마음까지 풀어준다

팥죽 하면 생각나는 영화가 있다. 주인공 이병헌의 1인 2역으로 화제가 됐던 '광해 왕이 된 남자'. 난폭함이 극에 달한 광해군은 자기 대신 위험에 노출될 대역을 구해오라는 명을 내린다. 그리하여 저잣거리의 만담꾼 '하선'은 하루아침에 조선의 왕이 된다. 천민 출신인 '하선'이 왕의 노릇을 하기란 여간 쉬운 일이 아니다. 온갖 해프닝은 영화 초반에 웃음을 준다. 그러나 영화를 반전시키는 것은 팥죽이다. 왕이 남긴 음식이 바로 수라간 나인들의 식사라는 것을 알게 된 가짜 왕은 수라상에서 팥죽만 먹고 나머지는 일부러 남긴다. 팥죽은 자신에게 칼을 겨눈 자의 칼을 거두게 하고, 공감과 위로와 배려의 상징이 된다. 팥죽의 '인본주의'를 영화에서 확인할 수 있다.

동지에 먹는 게 팥죽이었으나 이제는 팥죽을 먹는 계절이 따로 있지는 않다. 언제든 새알심이 든 팥죽과 팥죽에 면을 넣고 끓인 팥칼국수를 먹을 수 있다. 팥은 단백질, 식이섬유, 비타민B가 풍부한 영양식재료라 무더위에 지치는 여름에도 기운 회복에 좋다.

예부터 떡과 죽으로 유명한 전주에는 팥죽 맛집도 많다. 남부 시장 부근의 식당에서 팥죽 한 그릇과 팥 칼국수 한 그릇을 주문했다. 보통 냉면 그릇이라고 부르는 스테인리스 대접에 푸짐하게 나왔다. "우리 집 팥죽은 별로 달지 않아요" '남문 손칼국수' 사장님 말씀이다. 달지도 싱겁지도 않게 딱 적당히 간이 되어 있어서 배가 불러도 자꾸 들어간다. 팥죽 속 새알심은 입에 넣으면 부드럽게 퍼지면서 목구멍으로 어느새 넘어간다. 팥 칼국수의 면은 수타면이라 매끄럽지 않고 쫄깃하다. 손이 많이 갔을 음식인데 멋부리지 않고 이렇게 담백한 맛을 내는 게 맛집이다. 양이 많아도 어느새 다 먹게 된다.

준비한 모주 한 잔을 따라서 팥죽과 페어링을 시도해보았다. 마시기 전에는 어울릴지 확신이 없었다. 그런데 막상 맛을 보니 꽤 잘 어울린다. 만약 단팥죽이라면 모르지만 담백한 팥죽과 팥칼국수의 페어링이라면 권할 만하다. 팥죽을 먹다가 진하고 텁텁한 맛에 살짝 변화를 주고 싶은 타이밍에 모주를 한 모금 마셔보자. 모주의 계피 향이 입안을 환기시켜준다.

파 요리

요리의 주연이 된 파

우리는 마늘의 민족 못지않게 대파의 민족이다. 대파는 우리가 흔히 먹는 요리 어디에나 들어가는 향신료니까. 하다못해 집 라면에도 '파 송송, 계란 탁'은 국룰 아닌가. 대파가 양념이라는 편견을 버리면 대파도 메인 요리 아니, 고급 요리가 될 수 있다.

'칼솟타다'는 스페인 카탈루냐 지역의 대파 바비큐다. '칼솟'의 생김새는 우리나라 대파와 싱크로율이 100%인데 실은 양파의 품종 중 하나라고 한다. 칼솟을 석쇠 위에 나란히 올려 모닥불에 새까맣게 탈 정도로 굽는다. 바깥 껍질은 버리고 녹진녹진하게 구워진 속살만 꺼내서 소스에 찍어 먹는 직화구이가 바로 '칼솟타다'.

우리도 예부터 대파를 구워 먹는 풍습이 있었다고 한다. 거뭇거뭇하게 구워진 대파를 먹으면 매운 향은 달아나고 단맛과 향만 남아서 특별한 양념 없이도 맛있다.

전주에서 대파 미식을 먹어보자. 국적 불명의 메뉴로 가득한 무국적식당에는 '네기'라는 스몰 디시가 있다. 네기는 일본어로 '파'를 뜻한다. 얇고 긴 소스와 부드러운 빵이 함께 나온다. 구운 대파를 잘라서 바질, 생크림, 미소를 넣고 만든 재료에 치즈를 얹고 오븐에 구워낸 요리다.

작은 스푼으로 떠서 따뜻한 빵에 발라먹으니 메인 요리로 부족함이 없다. 대파의 단맛과 허브향, 고소한 치즈를 떠먹는 재미에 자꾸 손이 간다. 그러나 넉넉한 양은 아니니 주의할 것.

모주와 페어링을 시도해 보았다. 자칫 느끼할 수 있는 치즈의 느끼함을 잡아주고 와인이나 맥주의 뻔한 조합이 아니라서 신선하다. 상식을 벗어나면 파도 요리이고, 모주도 술이다.

연탄구이 돼지불고기

꼬마 김밥이 거기서 왜 나와?

배를 채워주는 식당들은 많지만 영혼의 허기까지 채워주는 곳은 많지 않다. 배도 고프고 이야기도 고프고 술도 고플 때 우리는 허름한 노포를 찾는다. 세월이 흘러도 그 자리에 그대로 버티고 있는 노포는 큰 위안이 되니까.

전주에는 고급 한정식집도 많지만 오래된 노포도 많다. 연탄구이 돼지불고기로 유명한 노포를 찾았다. 중앙시장 부근에서 실내 포차로 출발한 '진미집'은 입구부터 내부까지 모든 게 허름하지만 늘 사람들로 북적인다. 문을 열고 들어가면 가장 먼저 화덕이 눈에 들어온다. 빨간 양념의 돼지고기가 탈세라 두 분이 화덕 앞에서 부지런히 고기를 뒤집으며, 한 입 크기로 잘라 접시에 담아내고 있었다. 화력을 조절해서 굽기를 여러 차례. 직화로 구워 고기에 불 향이 잘 입혀져 있다. 분명 고기 집인데 메뉴에는 꼬마 김밥과 가락국수가 있다. 전주에서는 예기치 않은 곳에서 김밥을 만날 수 있다. 고기와 꼬마 김밥을 상추에 싸 먹는 건 다른 지역에서 보기 드문 전주식 조합이다. '진미집' 외에 연탄구이 돼지불고기로 '오원집'도 인기가 많다.

연탄구이 돼지불고기와 모주. 소주 강성파들에게 씨
도 안 먹힐 조합이다. 술 깨는 소리 하지 말라고 할 수
있지만, 매운 양념의 돼지고기는 모주와 잘 어울린다.
달달한 모주에 불 맛이 배어 있는 돼지고기. 한번 이
조합을 맛보니 좀처럼 포기하기 어렵다.

전주식 소바에 빠지면 답이 없다

전주에는 소바 전문점이 많다. 일식집이 많은 걸로 착각하지 마시길. 분명 소바 전문점이다. '소바'는 일본어로 메밀국수를 말하는데, 전주에서는 메밀국수 대신 그냥 소바라고 부른다. 그러나 이름만 소바일 뿐 일본식 소바가 아니다. 같은 메밀 면이긴 하지만 일본 소바와 전혀 다른 전주식 국수문화다.

전주에 있는 소바 전문점에 들어가 소바를 시키면 메밀 면과 육수가 따로 나온다. 멸치나 새우, 다시마 등 해산물로 육수를 내는 경우가 많고 김가루와 파를 뿌려, 얼음과 함께 시원하게 내준다. 메밀 면 그릇에 육수를 부어 냉면처럼 건져 먹는 게 전주식 소바의 특징. 채반에 올려진 차가운 면을 가쓰오부시와 와사비로 맛을 낸 간장 소스에 찍어 먹는 일본식 냉소바(자루소바)와는 먹는 방식부터 다르다.

소바 집에서는 대부분 콩국수도 같이 한다. 하얀 콩물에 검은 메밀 면을 말아서 준다. 소바로 유명한 '태평집'에서 콩국수를 주문하면 직원이 "설탕이 들어가는데 괜찮으세요?"라고 미리 묻는다. 전주식 콩국수의 특징이다. 흑설탕을 쓰는 집도 있다. 단것을 싫어하거나 전주 콩국수가 처음인 사람들은 단맛에 당황할 수 있다.

전주에서는 사계절 언제라도 '냉소바'와 '콩국수'를 먹을 수 있지만 성수기는 역시 여름이다. 메밀은 그 자체로 서늘한 성질을 가지고 있어서 몸의 열을 내려준다. 밀가루에 비해 소화가 잘 되기 때문에 부담도 적다. 그러나 100% 메밀일 수는 없다. 메밀은 밀가루에 비해 글루텐 함량이 낮아 메밀로만 만든 면이라면 툭, 툭 끊어질 테니까.

전주 소바의 원조는 1955년에 개업해서 3대째 하고 있는 '서울소바'로 꼽는다. 그러나 '메르밀 진미집'도 오래된 집이다. 1975년에 문을 열어 3대째 하는 집이니까. 진미집에서는 메밀면에 따뜻한 장국을 부어 만든 '온소바'도 맛볼 수 있다.

소바와 모주를 페어링 해보면 어떨까? 시원한 국물 요리라 모주와 어울릴지 처음엔 반신반의. 짭조름한 육수의 냉소바와 함께 먹을 때는 모주가 달게 느껴지고, 설탕이 들어간 콩국수와 함께 마시니 이번엔 모주가 심심하게 느껴졌다. 그러나 입안을 개운하게 마무리해 준다는 점에서는 어느 쪽이나 똑같다. 이렇게 모주에 빠져든다.

약선식

자연의 순리를 따르는 밥상

즉석에서 먹거나, 가열 등 최소한의 조리과정만으로 먹을 수 있는 가정 간편식 HMR(Home Meal Replacement) 시장이 커지면서 식생활은 너무나 편리해졌다. '빨리, 빨리'가 삶의 구호처럼 모든 것이 빠르게 돌아가는 요즘 세상에, 몸에 좋은 것만 먹고살기는 어려운 미션이다. 그나마 몸에 덜 나쁜 것만 먹는 것이 최선이라고 할까. 그러나 쉽게 먹을수록 몸은 빨리 지친다. 즉석 간편식이 우리의 식생활을 점령할수록 한편에서는 건강식에 대한 관심이 커지는 이유다.

약선식은 약이 되는 음식을 말한다. '밥이 보약'이라는 말도 몸에 좋은 음식을 먹으면 약이 따로 필요 없다는 뜻이다. 식용 약재료와 식재료를 배합하고 조화롭게 차린 전통 건강식, 그것이 약선식이다. 약선식의 기본은 계절을 고려한다는 것. 제철에 나는 채소가 우리 몸에 좋다. 그래서 약선식은 채식 밥상 위주다.

전국 어디나 약선식을 하는 집들이 있지만, 전북대 부근의 '감로헌'은 전주뿐 아니라 전국에서도 알아주는 약선 식당이다. 감로헌의 조현주 대표는 약선 전문가이자 연구자다. 기와 혈을 보호해 주는 약초 달인 물을 쓰고, 홍시나 조청으로 단맛을 내고, 감이나 오미자로 식초를 만들어 쓴다고 한다.

어느 계절에 가느냐, 그날 아침 농장에서 어떤 채소를 채취했느냐에 따라 반찬 구성이 달라질 수 있다. 주문한 약선정식 한 상이 차려졌다. 어린 삼과 마, 백목이 버섯, 비름나물, 토마토 김치, 황포묵, 버섯 탕수, 콩고기와 숙지황을 넣은 된장찌개 그리고 치자로 물들인 밥. 달고 짜고 매운 자극적인 맛에 길들여진 입맛이 순화되는 느낌이었다. 다른 계절에는 어떤 약초와 식재료를 쓴 반찬들이 올라올지 궁금했다.

약선정식 한 번으로 몸이 좋은 상태로 돌아올 리는 없다. 제철 음식이 좋다는 것을 깨닫고 돌아가더라도 매번 건강한 밥상을 차려 먹을 리도 없다. 그러나 몸에 해로운 것에 눈을 돌리고 우리 땅에서 난 제철 식재료에 한 번 더 눈이 가지 않을까? 자연에 가까우면 건강하고, 자연과 멀어지면 병을 얻게 된다는 '섭생'. 아는 것을 반만 실천해도 잘 먹고 잘 살 수 있다.

잘 차려진 약선정식에 약주인 척 모주를 올려보았다. 생강과 계피 등 약재를 넣고 끓인 탁주여서 자연스럽게 어울린다. 모주는 놀라운 친화력이 있다. 분식에서는 분식과 어울리고, 양식에서는 양식과 어울리고, 약선식에서는 약선식에 어울린다. 모주처럼 모나지 않게 살아야 하는 게 아닐까? 약선 식당에서 느닷없이 인생을 논하게 된다.

미나리 삼겹살 구이
이 둘의 조합은 무조건 옳다

구글에 '미나리'를 검색하면 채소 미나리와 영화 '미나리'가 뒤섞여서 뜬다. 2021년 이후 일이다. "미나리는 어디서든 잘 자라." 할머니 순자 역을 맡은 윤여정 배우가 오스카 여우조연상을 수상하면서 미나리는 하나의 상징이 되었다. 생명력이 길고 우리를 하나로 묶어주는 은유로 다시 태어났다고 할까.

전주는 특히 미나리와 인연이 깊다. 전주의 미나리 생산량이 전국 생산량의 30~40%를 차지할 뿐만 아니라, 전주를 대표하는 식재료인 전주 10미 중에서도 으뜸으로 친다. 미나리는 특유의 향을 가진 채소로 논에서 재배된다. 습지 등의 야생에서 자라는 돌미나리는 줄기가 짧고 잎이 많아 상품가치가 떨어진다. 미나리는 대표적인 알칼리성 식품이라 숙취해소에도 좋고 중금속 등의 해독 작용도 뛰어난 것으로 알려져 있다. 미세먼지나 황사가 심한 봄에 제철 미나리를 먹는 것은 맛과 건강을 둘 다 챙기는 일이다.

전주에서는 어느 계절이나 미나리를 다양한 형태로 먹을 수 있다. 미나리 막걸리인 '나리주(酒)', 미나리 카스텔라, 미나리 만두는 전주시에서도 홍보하고 있는 미나리 가공식품이고 그 외에도 미나리 전, 미나리 파스타, 미나리 스테이크, 미나리를 듬뿍 넣은 아귀찜과 복국 등 향긋한 미나리로 만든 음식들을 쉽게 만날 수 있다. 그러나 미나리와 최고의 궁합은 삼겹살이 아닐까? 달군 불 판에 삼겹살을 먼저 올리고 거의 다 익어갈 즈음, 줄기가 길고 잎이 부드러운 미나리를 살짝 구워 내면 맛있는 미나리 삼겹살 구이가 된다. 삼겹살의 기름진 맛을 미나리가 감싸니 입안에 육즙과 미나리 향이 함께 어우러진다.

일단 맛으로 먹는 거지만 건강에도 좋다. 육류는 대표적인 산성식품이다. 우리 몸은 약 알칼리성을 유지하고 있는데 육류 섭취를 많이 하다 보면 몸의 균형이 깨지기 쉽다. 이때 알칼리성 식품인 미나리는 삼겹살의 느끼함을 없애줄 뿐만 아니라 몸의 균형도 잡아준다. 서신동 '동이네'에서는 미나리 겉절이부터 미나리 전, 미나리 라면, 미나리 볶음밥까지 먹을 수 있다.

고기와 미나리 조합을 더 즐기고 싶다면 아중호수 부근의 '미나리 먹는 돼지'에서 '미나리 스테이크 목살'을 맛볼 수도 있고, 객사길의 '하노쿠'에는 '미나리 삼겹살 오일 파스타' 메뉴도 있다.

'미나리 삼겹살에는 무조건 소주'라고 확고한 신념을 가진 분들까지 설득한 재간은 없다. 그러나 미나리의 쌉싸름한 향과 모주의 달콤한 맛은 자연스럽게 조화를 이룬다. 콩나물과 함께 전주의 대표주자인 미나리. 전이든 무침이든 탕이든 미나리가 올라간 밥상에는 전주 술인 모주가 제격임을 이젠 알 것 같다.

떡볶이와 튀김

우리에게는 떡볶이 유전자가 있을지도!

백세희 작가가 쓴 '죽고 싶지만 떡볶이는 먹고 싶어'는 25개국으로 출간되어 전 세계 100만 부가 판매되었다. 이 책이 화제가 된 것은 국적을 불문하고 누구나 겪을 수 있고 공감할 수 있는 내용을 독특한 방식으로 전개했기 때문이지만, 제목이 시선을 강탈하는 것은 부인할 수 없다. 영어 제목은 'I want to die but I want to eat tteokbokki'. 떡볶이는 소리 나는 대로 표기할 수밖에 없는 우리의 고유한 음식이자 문화코드다. 이 책에서 떡볶이는 힘들고 우울한 순간에도 소박한 행복을 추구하고자 하는 욕망을 상징하다. 떡볶이를 안 먹어 본 한국 사람이 있을까? 떡볶이에 대한 각자의 기억도 제각각. 우리에게 떡볶이는 음식 그 이상이다.

K-간식의 대표격인 떡볶이지만 여기에는 취향이 존재한다. 밀로 만든 떡볶이를 좋아하는 '밀떡파'와 쌀로 만든 떡볶이를 선호하는 '쌀떡파'. 탕수육의 '부먹파'와 '찍먹파'만큼이나 확고한 대결구도다. 지역마다 떡볶이의 특징이 있기 때문에 어떤 떡볶이를 먹고 자랐는지 자신의 연고지에 따라 선호도가 생겼을 가능성이 크다. 부산은 가래떡으로 만든 떡볶이가 많다. 서울은 '밀떡'을 만나기 쉽다. 그렇다면 전주는? '쌀떡'이 주류다.

로컬 맛집이 넘치는 전주에서 떡볶이 맛집을 찾았다. 떡볶이가 무서운 포스로 등장했다. 굵은 쌀떡과 도톰한 어묵이 들어갔다. 먹어보니 생각보다 맵지는 않았다. 쫀득한 떡과 매콤하고 묵직한 단맛이 느껴지는 소스. 그냥 고추장으로 낸 맛이 아니다. 알고 보니 홍시로 맛을 내고 도라지청, 대추 등 20여 가지 재료를 넣어 감칠맛을 냈다고 한다. 예전에는 '옴시롱감시롱', 지금은 '돌아온 떡볶이'집이다. 떡볶이와 단짝인 튀김을 빼놓을 수 없다. 모둠튀김을 주문하면 큼직한 수제 김말이와 고추튀김, 오징어튀김이 나온다. 떡볶이 양념에 찍어먹다 보면 튀김도 떡볶이도 그야말로 '순삭'이다.

튀김을 꼭 떡볶이 양념에 찍어 먹어야 할까? '상추튀김' 집에서는 예외다. 상추튀김이라고 하면 상추를 튀긴 것으로 오해할 수 있지만 천만의 말씀. 상추에 싸 먹는 튀김을 말한다. 상추튀김은 광주에서 시작되어 이제는 전라도 전 지역에서 만날 수 있다. 전북대 부근에는 상추튀김 집이 많이 보인다. '옛날 땡땡이 상추튀김 북대 1호점'에서 튀김을 상추에 싸 먹었다. 상추에 고추튀김이나 고구마튀김을 올리고 파 간장 양념을 살짝 더해서. 늘 먹던 튀김인데 색다르다.

떡볶이와 튀김을 모주와 함께 먹어보았다. 상추 튀김도, 홍시 떡볶이도 모주와 좋은 합이다. 탄산음료와 먹으면 분식이고 간식이지만 모주와 먹으니 한 끼 식사가 되는 느낌이라고 할까? 모주는 같이 먹는 음식에 따라 얼굴을 바꾼다. 떡볶이와 함께 먹을 때는 한방 전통주가 아니라 진하고 독특한 수정과 같은 얼굴을 한다.

모주는 같이 먹는 음식에 따라
얼굴을 바꾼다.

불갈비

허세 없는 고수의 맛

한우 갈비는 자주 먹을 수 있는 음식은 아니다. 미국산이나 호주산 소갈비면 몰라도 식당에서 한우 갈비를 먹는다면 꽤 지출을 각오할 일이다.

전주에는 한우 갈비로만 40년을 운영한 노포가 있다. 한우 갈비집 치고는 국밥집 마냥 서민적이다. 영화의 거리에서 멀지 않은 '효자문식당'이 바로 그 주인공. 불갈비와 갈비탕이 주메뉴인데 단골도 많고, 일부러 찾아오는 외지인들도 많다. 불갈비가 저렴하지는 않지만 100% 한우 갈비의 시세를 생각하면 절대 비싼 것은 아니다.

보통 갈비집에서는 고기가 나오기 전에 화로부터 등장한다. 화로가 달구어지면 불 위로 포스 있게 갈빗살이 펼쳐진다. 갈비집에서 볼 수 있는 일반적인 풍경이다. 효자문에서는 그 모든 과정이 주방 안쪽에서 벌어지고 손님 앞에서는 생략된다. 식탁에 놓인 것은 잘 구워진 불갈비 한 접시. 효자문의 불갈비에는 눈곱만큼도 허세가 없다. 조금은 허세를 부려도 좋을 100% 한우 갈비인데, 100% 한우만 쓴다는 벽에 붙은 글 말고는 맛에 충실할 뿐이다.

칼집을 많이 넣어 구운 불고기 위에는 얇게 썬 마늘과 잣, 깨가 올려져 있다. 갈비 없는 갈비탕을 국물로 내주는데, 국물만으로 아쉬우면 통 갈비뼈가 들어있는 '반 갈비탕'을 시키면 된다. 갈비는 두툼하지만 부드러워서 야들야들 씹힌다.

주변을 둘러보니 소주나 막걸리를 반주로 먹는 사람들이 보였다. 불갈비가 놓인 상 위에 모주를 따랐다. 짭조름하고 부드러운 불갈비에 달콤한 모주는 나무랄 데 없는 페어링이다. 효자문의 서민적인 분위기에 따르자면 막사발에 마셔도 좋고, 한우 갈비에 걸맞은 대접을 해주자면 잘 세공된 순동 맥주잔도 좋을 듯하다. 어떤 음식과 같이 먹느냐에 따라 어떤 모주잔이 어울릴지 상상해보는 것도 재미있다.

흑두부 보쌈

그냥 두부가 아니다, 흑두부다

'블랙 푸드'가 몸에 좋다는 것은 상식이 되었다. '안토시아닌' 성분 때문에 검은색을 띠는 대표적인 식품으로는 검은콩과 흑임자, 미역 등이 있다. 항산화 효과가 뛰어나고 노화 방지에 좋다는 블랙 푸드. 그중에서도 검은콩은 블랙 푸드의 대표주자다. 검은콩은 서리태라고도 하는데, 10월경 수확할 때까지 몇 번의 서리를 맞으며 자란다고 해서 서리태라는 이름이 붙었다. 탈모 예방에 좋다는 이유로 서리태에 대한 관심이 껑충 뛴 적도 있지만 어디까지나 모발 건강에 좋다는 것뿐 그 이상의 효능은 과장일 지도 모른다.

국산 검은콩 100%로 만든 흑두부 요리를 먹어보자. 돼지고기 수육과 함께 나온 흑두부는 거뭇거뭇하고 탄력이 있다. 상추에 얇은 수육과 흑두부를 올리고 무말랭이 무침과 마늘 한 쪽을 싸서 먹으니 고기 보쌈보다 훨씬 부드럽고 담백하다. 고기 보쌈에 두부를 곁들이는 것이 아니라 두부보쌈에 고기가 거드는 느낌이라고 할까. 확실히 두부가 주인공이다. 소고기와 버섯, 흑두부를 넣고 얼큰하게 끓인 전골도 간이 세지 않고 시원하다.

흑두부에 집중하고 싶지만 상 위에 깔린 찬들이 너무 많고 하나같이 맛있어서 두부에 집중도를 떨어트리는 게 흠이라면 흠. 전주는 음식 인심이 이렇게 후하다. 전주 효자동에 있는 '흑두부이야기'다.

모주와의 페어링은 먹어보나 마나다. 먹기 전에 감이
왔다. 건강한 흑두부에 야들야들한 수육, 상추와 맛있
는 쌈장 그리고 모주만 있으면 나만을 위한 한상 차림
이 가능하다. 아침이든 야식이든 상관없다. 그게 모주
의 미덕이니까. 흰 공깃밥은 치우고 두부보쌈에 모주
한 잔이면 맛과 멋을 다 잡은 전주식 페어링 아닌가.

알곤이 볶음

알고 먹자

해물탕 먹을 때마다 헷갈리는 명칭이 있다. 탕 속에 들어있는 '알'은 잘 아는데 꼬불꼬불한 하얀색 부위를 곤이라고 생각하는 사람들이 많다. 곤이도 '고니'로 표기된 가게들이 많아서 그게 그것이겠거니 하고 먹는다. 정확히 말하면 우리가 보통 '알'로 알고 있는 것이 대구나 명태의 알집(알 주머니)이고 이게 바로 '곤이' 다. 그러면 꼬불꼬불 주름이 잡혀 있는 것은? 곤이가 아니라 수컷 생선의 '정소' 인 '이리'다. 영양이 많은 부위는 아니지만 해물요리에 빠지면 서운하기도 한데다가 부드럽고 고소하다.

해물탕에서 골라 먹던 곤이와 이리만 철판 볶음으로 먹을 수 있는 곳이 있다. 전주의 또 다른 미식을 찾아가 보자. 해마다 전주영화제에 많은 영화인들이 다녀간다는 곳, 객사길의 '초장집'이다. 영화인들의 사인보다 시선이 먼저 가는 것은 벽에 붙어있는 '알곤이볶음'이라는 메뉴. 곤이와 이리, 콩나물이 매운 양념에 범벅이 된 채 나온다. 매운 것에 약한 '맵찔이'에게는 두려운 비주얼이지만 보기보다 맵지 않다. 매우면 김에 싸 먹으라며 생김과 마요네즈를 함께 내준다. 찌그러지고 검게 그을린 양은 냄비에 얼큰한 콩나물국이 따라 나올 때가 있다. 어묵국물일 때도 있지만. 전주의 콩나물 사랑은 못 말린다. 맛있게 매운맛이라 곤이와 이리를 번갈아 먹다 보면 양념만 남는다.

언제부터인지 철판 요리의 마무리는 볶음밥이 되었다. 안 먹으면 서운하다. 밥을 볶아 달라고 하니 알곤이 양념 볶음밥이 김가루 이불을 덮고 나왔다. 음식에 색을 중요시하는 전주가 아니라고 할까봐 한 가운데 달걀 프라이가 올려져 있다.

모주와 페어링은 어떨까? 소주 안주에 웬 모주냐고
역정을 내실 분도 있을 것이다. 그러나 소주에 약하
지만 술은 먹고 싶은 사람들도 많다는 사실을 알아주
면 좋겠다. 몇 모금에 기분이 좋아진다. 매운맛에 취
한 건지, 분위기에 취한 건지, 모주에 취한 건지 그건
알 수가 없다.

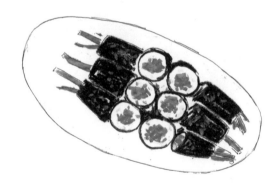

청국장

'안티'도 많지만 '찐팬'도 많다

외국인들에게 청국장은 '극혐'에 가까운 한국 음식이다. 삭힌 홍어와 함께 코를 감싸 쥐는 한국 음식 1, 2위를 다투는 음식이 바로 청국장. 한국 사람이라고 해도 다 청국장을 좋아하는 것은 아니다. 된장을 즐겨먹는 사람들도 청국장 특유의 꼬릿한 냄새 때문에 청국장은 선호하지 않을 수 있다. 호불호에도 불구하고 어쨌거나 청국장은 오랫동안 사랑받아온 우리 향토음식이자 영양 가치가 뛰어난 전통 발효식품이다.

익힌 콩은 체내 흡수율이 60% 밖에 되지 않지만 청국장으로 발효된 콩은 98%까지 흡수된다고 한다. 콩이 가진 유용한 성분을 가장 쉽게 섭취하는 방법이 청국장이다. 단백질, 지방, 탄수화물의 3대 영양소가 양질의 형태로 녹아 있고 칼슘과 철, 마그네슘 등 비타민과 미네랄이 이상적으로 포함된 영양 미식, 청국장을 먹어보자.

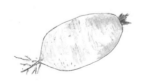

청국장 맛집은 전국 어디나 많지만 전주도 빠지지 않는다. 재래식으로 직접 띄우는 청국장 집을 찾았다. 냄비에 한가득 담겨 나오는 청국장 냄새가 심상치 않다. 맛을 보니 고소하고 진하지만 약한 쓴맛도 느껴진다. 입안에서 부드럽게 으스러지는 콩과 큼직한 무, 달큼한 호박, 두부가 한데 어우러져 건져 먹고 비벼 먹다 보면 큰 냄비가 어느새 바닥을 보인다. 현지인들이 즐겨 찾는 서서학동의 '돔보'식당이다.

2007년쯤 방영됐던 '커피프린스'는 지금도 회자되는 화제의 드라마다. 지금처럼 와인이 흔하지도 않았고 와인의 안주로는 당연히 치즈를 떠올리던 시절. 된장찌개와 와인을 함께 먹는 장면은 눈 밝은 청춘들에게 꽤 충격적인 에피소드였다. 세상이 많이 변했다. 파인 다이닝 신(scene)에서는 눈살을 찌푸릴 수 있지만 취향의 다양성은 누구도 막을 수가 없다.

청국장과 모주의 페어링은 어떨까? 쌀로 만든 모주와 콩을 발효시킨 청국장은 의외의 조합이었다. 꼬릿하게 구수한 청국장에 모주를 곁들이니 모주의 계피 향이 청국장의 잔향을 씻어준다. 푸근한 고향의 맛이 그리울 때, 몸도 마음도 허기질 때 청국장에 모주를 반주로 곁들인 밥상. 꽤 괜찮은 발상이다.

만두

유행에 아랑곳하지 않고

만두의 기대치가 높아졌다. CJ를 비롯한 대기업들이 냉동만두 시장을 폭발적으로 키우면서 만두의 질이 상향 평준화된 것은 이미 오래전. '냉동만두도 이 정도 수준은 한다'는 인식이 생기는 바람에 만두 전문점들이 경쟁력을 많이 잃었다. 냉동만두는 장기 보관도 가능하고 다양한 방식으로 활용될 수 있기 때문에 집집마다 한두 개씩은 냉동실을 차지하고 있다.

전주에 만두로 유명한 중식당이 있다. 중앙동에서 70년 넘게 운영 중인 '일품향'이라는 곳이다. 요리부터 면까지 다양한 메뉴를 갖추고 있는 노포인데, 만두로 유명하다는 말에 솔깃했다. 요즘 중국집에서 만두를 주문해 먹는 사람은 드물기 때문이다. 중국집 만두는 '서비스'라는 인식도 있고, 공장에서 납품받은 만두가 많아서 특별한 맛을 기대할 수 없기 때문이다.

일품향에서 군만두와 물만두를 각각 주문했다. 보통 중국집의 군만두가 튀겨져 나오는 것과 다르게 이곳의 군만두는 진짜 구운 만두다. 전을 부치듯 구워 내 기름기가 적고 담백하다. 다진 고기와 부추 외에 특별히 들어간 만두소가 없는 것 같은데, 고기 완자처럼 만두소가 잘 뭉쳐진 느낌. 별로 기대하지 않았지만 한 입을 베어 무는 순간 놀란 것은 군만두보다 오히려 물만두 쪽이다.

만두에 모주의 궁합을 실험해 보았다. 모주는 천연덕
스럽게 만두와도 어울렸다. 역시 모주는 모나지 않는
술이다. 군만두만 먹으면 퍽퍽할 수 있지만 그때 모주
한 잔을 기울이면 다른 음료가 생각나지 않는다. 만두
도 일품이고 모주와의 조화도 일품이다.

국수

이렇게 착한 식사라니!

전주의 국숫집들을 몰라주는 건 안타깝다. 현지인들이 즐겨 찾는 국수 맛집들이 많은데, 짧게 여행 오는 사람들은 이 맛을 모르고 돌아간다. 정직한 재료를 쓰고, 맛은 담백하고, 인심도 후한데 심지어 저렴하다. 이렇게 팔고도 남는 게 있을까 싶을 만큼.

전북대병원 부근의 '이연국수'는 정직을 신념으로 삼는 집이다. 정직을 강조하는 글들이 사방에 붙어있다. 면부터 육수를 내는 멸치까지 정직한 재료에 대한 자부심이 대단하다. 정직하지 않은 사람은 이연국수에 발을 들여놓지 않는 게 좋다. 잔치국수와 비빔국수가 주메뉴인데, 멸치로 우려낸 국물은 담백하고 비빔국수 양념도 입에 착 붙는다. 채에 받친 사리를 추가로 내준다.

버스 터미널 부근의 '여만국수'는 인심이 후하기로 유명하다. 비빔국수를 시키면 잔치국수를 맛보기로 주고, 잔치국수를 시키면 비빔국수를 맛보기로 내준다. 대, 중, 소 어느 것을 시켜도 가격은 똑같다. 직접 끓인 흑임자죽을 후식으로 주는 국수집이 또 어디 있을까?

국수를 먹고 모주를 마시면 국물로 배가 부르지 않을까?
No! 입안에 맴돌던 멸치 향도, 파 향도
모주 딱 한 잔에 씻기는 느낌이다.
진한 수정과 한 잔으로 식사를 마무리한 기분,
한국 사람이면 다 알지 않을까?

양념족발

비닐 장갑부터 끼고

지금이야 족발에 매운 양념을 바르고 구운 '불족발'을 흔히 먹을 수 있지만, 전주에서는 족발하면 양념족발이 원조다. 전주의 족발 노포들은 지금도 손에 들고 뜯어먹는 양념족발만 판다.

실내 포장마차처럼 생긴 '진미집'에 들어가 족발을 시키면 "손에 들고 뜯어먹는 족발이에요"라고 설명을 해준다. 오해하는 손님들이 많았다는 얘기다. 연탄으로 불 향을 입힌 매콤한 양념족발은 양손에 비닐장갑을 끼고 뜯어야 제맛이다. 살코기보다는 콜라겐이 많은 껍데기 위주라 쫄깃하면서도 부드럽다. 눈에 보이는 거리에 족발 굽는 화덕이 있다. 둘러보면 모두가 열심이다. 열심히 족발을 굽고, 열심히 뜯고, 열심히 마시고, 열심히 스트레스를 풀며 목소리를 높인다.

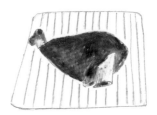

팔복동에 있는 '가운데집'도 직화 양념족발을 판다. 족발집 세 개가 나란히 붙어 있는데 그중 가운데 집 이름이 '가운데집'이다. 양념족발만 취급하는 전문점인데 1인분 단위로 내주는 게 재밌다. 두 사람이 갔는데도 1인분씩 접시 2개가 나왔다. 진미집보다 불 맛이 세다. 크고 두툼한 족발에 맵기도 한 단계 위다.

직화가 아니라 국물 있는 양념족발은 '가로수 회관'에서 맛볼 수 있다. 족발을 주문하면 바지락 청국장이 함께 나오는 것이 특징이다. 말하자면 족발을 놓고 청국장과 함께 하는 식사다. 족발 뼈를 발라내기 위해 비닐장갑을 낀 채 젓가락 질도 하고 국물도 떠먹어야 하지만 이 정도 불편은 불맛 앞에 꼬리를 내린다. 가로수 회관 맞은편의 '어은골 쌍다리회관'의 양념족발도 찌개가 나온다. 식사로 즐길 수 있도록 다양한 밑반찬을 내주는 것도 전주의 후덕한 인심이다.

양념족발에 모주를 마시니 입술까지 얼얼했던 매운
맛이 잠잠해진다. 양념이 묻은 비닐장갑 채 시원한 모
주를 들이켜 보시라. 모주의 계피 향이 식도와 입안까
지 가라앉혀주니 남은 족발을 움켜쥘 힘이 다시 생긴
다. 이런 게 음식 궁합이지. 이렇게 족발은 모주와 연
분이 된다.

가맥집 안주들

Feat. 황태, 먹태, 갑오징어 구이, 참치전

'먹태깡'이 돌풍을 몰고 왔다. 농심에서 출시된 이 먹태 맛 스낵은 나온 지 한 달 만에 200만 개가 팔렸다고 한다. 편의점에서 편의점으로 메뚜기를 하는 사람들이 있는가 하면, 마트 앞에 줄을 서는 사람들까지 생겼다. 희귀템 소동에 대해 전국에서 가장 이해 못 할 사람들은 전주 사람들이 아닐까. 이런 심드렁한 반응일지도 모른다. "머헌다고 먹태 갖고 그런디?'.

전주에는 가맥 문화가 있다. '가게에서 파는 맥주'를 줄인 말인데, 허름한 동네 슈퍼에서 단출한 안주에 맥주나 소주를 마시는 게 가맥이다. 주머니가 가벼운 사람들이 먹기 시작하다가 후줄근하고 친근한 분위기에 사로잡힌 사람들이 가맥 문화를 만들었다. 가맥에서 가장 흔한 안주가 바로 먹태다. 제대로 된 먹태가 널렸는데 과자 하나에 달려 드는 심사를 전주 사람들이 알 리가 없다.

명태는 이름이 많다. 덕장에서 햇볕과 바람에 자연 건조한 것이 황태, 기온 변화로 겉껍질이 거뭇거뭇해진 것을 먹태로 분류한다. 딱딱해서 포 형태로 씹어 먹기 좋은데, 전주 가맥 집에서는 기가 막힌 방법으로 먹태를 가공했다. '초원 편의점'에서 사장님이 먹태 굽는 걸 우연히 볼 수 있었다. 본다고 해도 절대 따라 하지 못할 것이라며 자신감을 내비치셨다. 쇠망치로 먹태를 두들겨 부드럽게 한 다음 석쇠에 올려 연탄불 위에 굽는다. 그냥 굽는 것도 아니다. 시뻘건 연탄 위로 여러 번 왔다 갔다 한 뒤, 부드러워진 먹태를 손으로 조금씩 벌려서 다시 굽는다. 타지 않고 먹태 표면이 포슬포슬해질 때까지. 이러니 맛이 없을 수가 없다. 이렇게 정성껏 구운 먹태에 청양고추를 썰어 넣은 간장과 마요네즈 소스를 같이 내준다. '먹태깡'의 시즈닝에 응용된 바로 그 소스다. 황태와 먹태를 구분해서 파는 집도 있고 황태만 파는 집도 있다.

가맥의 원조라고 얘기되는 '전일갑오'는 황태를 포장해 가는 사람들이 많아서 포장 매대가 따로 있다. 가장 비싼 안주는 갑오징어. 크지 않아도 갑오징어 특유의 쫄깃함을 즐기려는 사람들에게 귀한 몸값에 팔려 나간다. 황태만큼이나 인기 있는 메뉴는 사실 계란말이다. 두툼하고 넓적하게 부친 계란말이는 배를 채우는 안주로 좋다.

참치전으로 대박이 난 가맥 집도 있다. 전북대 앞에 있는 '슬기네 가맥' 본점은 대학가 가맥집답게 젊은 바이브가 있다. 이 집의 시그니처 메뉴인 참치전을 주문했다. 캔 참치, 햄, 다친 야채를 달걀물로 부친 참치전이 맛있어 봤자라고 생각했다가 좀 놀랐다. 어쩌면 '대박'이라는 것은 우리의 기대치를 20% 정도 넘는 지점에서 터지는 게 아닐까.

전주의 가맥 집들을 돌며 아이러니하게 모주를 생각했
다. 소주가 위로의 술이고 맥주가 격려의 술이라면 모주
는 친화력을 발휘하는 술이다. 1인 1병을 하는 친구도,
맥주 1잔에 얼굴이 붉어지는 친구도 즐길 수 있는 모주.
취하자고 마시는 거라면 할 수 없지만 황태부터 먹태, 갑
오징어, 계란말이, 참치전까지 모주와 어울리지 않는 음
식이 없다. 찢을 때마다 가루가 날리는 포슬포슬한 먹태
와 시원한 모주 1잔. 몇 잔을 마셔도 혀가 꼬이지 않는다.

모주는
사람들을 가깝게 모아주는 술이다.

비빔밥 와플

숟가락은 내려놓고

비빔밥은 제대로 먹는 한 끼 식사다. 그렇다면 손에 들고 먹을 수 있는 가벼운 비빔밥은 어떨까? 전주에는 비빔밥을 변형한 다양한 간식들이 있다. 특히 '비빔밥 와플'은 관광객들뿐만 아니라 현지인들에게도 인기가 많다. '두이모 비빔밥와플'에서 개발하고 특허받은 와플이다. 매콤하게 양념된 밥을 와플 틀에 구운 것이 포인트! 여기에 얇은 라이스페이퍼를 깔고 제육볶음과 절인 양배추, 달걀, 상추, 치즈 등을 넣어 동그랗게 말아낸 것이 비빔밥 와플이다. 구운 밥인데다가 속까지 푸짐해서 식사로 좋고 간식으로도 좋다. 겉은 바삭하고 속은 고기와 야채가 채우고 있어서 한번 먹어도 중독성이 있다.

한옥마을에서 멀지 않은 자만 벽화마을에 두이모 비빔밥와플이 있다. 벽화마을과 연장선 상의 분위기라 아담하고 아기자기하다. 효자동의 두이모 비빔밥와플은 정원이 있는 크고 깔끔한 분위기인데 와플 종류가 더 다양하다. 매스컴을 통해 여러 번 소개되어 일부러 찾아오는 사람들이 많다. 다른 지역에서 팔았다면 전주만큼 인기를 끌었을까? '비빔밥 도시'라는 전주의 아우라가 작은 와플에도 있다.

비빔밥을 변형한 간식은 이뿐만 아니다. 한옥마을의 '교동 고로케'에서 파는 '비빔밥 고로케'는 고로케 속에 양념한 야채와 밥을 가득 채워서 바삭하면서도 매콤하다. 비빔밥과 '고로케'의 장점을 제대로 결합했다. 눈이 즐거운 이색 비빔밥도 있다. 경기전 맞은편에 있는 '전주는 전주'는 전 집인데 이곳에서 '보석 육회 김밥'을 판다. 계란 노른자를 올린 육회를 중심으로 여러 재료가 들어간 커다란 김밥 6개가 플레이팅 되어 나온다. 육회 비빔밥을 모티브로 만든 듯하다. 보석이라는 이름처럼 색감이 예쁘고 하나하나 섬세해서 먹기 아까울 정도. 전주가 얼마나 음식에 색을 중시하는지 간식 하나만 봐도 알 수 있다.

비빔밥과 모주는 이미 긴 세월 증명된 궁합이다. 비빔밥을 모티브로 한 간식도 크게 다르지 않다. 밥을 구워 낸 와플이든, 튀겨서 만든 고로케든, 육회를 곁들여 먹는 김밥이든 모두 모주와 합이 좋다. 탄산처럼 쏘지도 않고, 맥주처럼 배부르지도 않고, 커피처럼 흔하지도 않다. 이런 간식과 먹을 때 모주는 어떤 잔이 좋을까? 칵테일 잔으로 많이 쓰는 고블렛 유리잔이 어떨까? 고블렛 잔에 따른 모주는, 약재를 넣은 탁주가 아니라 '시나몬 향이 나는 전통 술차'라고 해야 맞다.

Dessert

빙수
전병
떡

빙수들
기본기가 탄탄하다

'바다의 뚜껑'이라는 소설이 있다. 일본 작가 '요시모토 바나나'의 소설인데, 소설을 원작으로 한 영화도 2016년에 개봉했다. 빙수가 '주인공'인 작품이다. 도시 생활에 지친 '마리'는 고향 마을로 내려와 바닷가 부근에 빙수 가게를 차린다. 찾아오는 손님은 많지 않지만 '마리'는 빙수기로 신중하게 얼음을 갈아서 그릇에 수북하게 담아낸다. 바다가 보이는 빙수 가게의 메뉴는 세 가지. 사탕수수 빙수는 얼음에 당밀 시럽만 올리고, 감귤 빙수에는 감귤 과즙만 그리고 팥빙수에는 팥과 말차만 들어간다. '바다의 뚜껑' 작품 속 빙수는 지친 마음을 시원하고 부드럽게 위로하는 슬로 푸드다.

빙수가 점점 화려해지고 있다. 호텔의 시즌 메뉴가 된 지도 오래다. 베이커리 카페마다 빙수에 올라가는 토핑 경쟁도 치열하다. 처음 들어보는 빙수에 혹하기도 하지만 돌고 돌아 결국 다시 찾게 되는 것은 '바당의 뚜껑' 속 빙수처럼 깊고 단순한 기본형이다.

여전히 성수기는 여름이지만 빙수는 사계절 메뉴가 되었다. 전주에서는 빙수도 미식이다. 우열을 가리기 힘든 빙수들이 많지만, 전통적인 맛을 구현한 전주의 빙수들을 주목해 보자.

눈꽃 빙수에 흑임자 가루를 올린 빙수. 여기에 적당히 단맛을 가진 팥을 올리고 쫄깃한 떡 조각을 돌려가며 얹었다. 예부터 불로장수 식품으로 귀한 대접을 받아온 흑임자는 진하고 기품 있는 맛이다. 통통하고 건강한 팥을 잘 삶아 알갱이가 살짝살짝 씹힌다. 이보다 달면 질릴 것 같고, 이보다 달지 않으면 팥빙수에서 기대하는 단맛을 놓칠 것 같은 적당함. 정직한 맛은 본능적으로 알 수 있다. 유기그릇에 정갈하게 담겨 나오는 K-디저트. 유네스코 음식창의 업소로 선정된 '외할머니 솜씨'의 흑임자 빙수다.

홍시 빙수라면 아이스 홍시 몇 조각을 올려서 주겠지 했다가 수북하게 담긴 홍시를 보고 깜짝 놀랐다. 통 큰 인심에 한번 놀라고 빙수와 홍시의 조합에 한 번 더 놀랐다. 홍시는 그 자체로 단맛이 강할 뿐만 아니라 영양도 많다. 얼린 홍시를 큼직하게 썰어서 눈꽃 빙수에 쌓고 가운데 아이스크림을 올렸다. 여기에 홍시 소스를 뿌려 먹으니 자연의 단맛이 입 안에 퍼진다. 홍시로만 디저트를 개발하는 '홍시궁'의 홍시 빙수다. 홍시는 전주와 인연이 깊다. 콩나물, 미나리, 열무, 황포묵 등과 함께 홍시도 전주를 대표하는 '10미'에 포함된다. 홍시 맛이 살아있는 빙수를 먹으니 드라마 '대장금' 속 어린 장금이의 유명한 대사가 생각난다. '어찌 홍시냐 물으시면 홍시 맛이 나서 홍시라 생각한 것이온데'.

디저트의 단맛을 내는 식재료로 단호박도 빼놓을 수 없다. 눈꽃 빙수에 호두, 땅콩, 아몬드, 잣 등 여러 견과류를 뿌리고 그 위에 단호박을 올린 단호박 빙수. 단호박의 달큼하고 부드러운 식감과 견과류의 씹히는 맛이 단호박 빙수의 매력이다. 단호박은 단백질 함량도 높고 식이 섬유가 풍부한 영양덩어리다. 단호박과 빙수의 궁합은 한옥 카페인 '행원'에서 맛볼 수 있다.

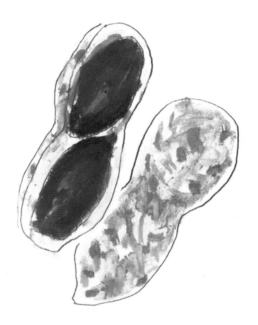

전병

여행은 바삭바삭한 소리로 남는다

전주에서 가장 인기 있는 기념품이 궁금하면 전주역에 가볼 일이다. 이제 막 전주를 떠나는 사람들 손에 무엇이 들려 있는지 관찰하면 되니까. 가장 많이 눈에 띄는 오렌지와 브라운 색 포장의 정체는 1951년부터 3대째 운영하고 있는 전주의 대표적인 과자 노포, 'PNB 풍년제과'다.

많은 사람들이 알고 있는 수제 초코파이가 바로 PNB 풍년제과의 시그니처. 1종이었던 초코파이는 화이트, 치즈, 크림치즈, 녹차, 딸기향, 모카까지 한 세트를 구성할 만큼 종류가 늘었다. 수제 초코파이가 가장 유명하기는 하지만 PNB 풍년제과의 시작은 '전병'이다. 사람들 사이에 '센베이'로 통하는 구운 과자 말이다. 전병을 일본어로 '센베이'라고 하는데, 일제강점기에 우리나라에 유입되어 '센베이'라는 이름으로 굳어졌다. 지금은 전병으로 많이 불린다.

PNB 본점에 가면 땅콩부터 파래, 생강, 깨 등 다양한 전병을 볼 수 있다. 맛도 형태도 조금씩 다르다. 우리나라에서 최초로 수제 전병을 만든 곳이라고 한다.

땅콩 전병을 먹어보았다. 밀가루로 얇게 구워낸 저렴한 전병과
는 차원이 다르다. 두툼하면서도 바삭한데 씹을수록 땅콩 맛이
진하게 느껴진다. 기와 모양으로 휘어져 있는 땅콩 전병에는 '풍
년'이라는 한글이 양각되어 있다. 옛날 그 시절 향수를 과자에 새
긴 것처럼 보였다. 기념품은 도시의 콘텐츠가 된다. 전병은 전주
를 대표하는 콘텐츠가 되어 이제 전국 곳곳으로 여행을 떠난다.

복숭아 찹쌀떡 '복떵이'

할매니얼 디저트 시대

약과, 인절미, 수정과, 식혜 등 전통 간식들의 전성시대다. 이들은 '할매니얼 디저트'라는 '해시태그'를 달고 SNS를 누비고 있다. 명절 때나 볼 수 있었던 옛날 간식을 MZ로 불리는 세대들이 찾기 시작한 것. '할매니얼'이란 할머니의 사투리인 '할매'와 1980년대부터 1990년대에 태어난 '밀레니얼' 세대의 합성어. 할머니 입맛을 선호하는 밀레니얼 세대를 말한다. 전주에는 '할매니얼 디저트'가 뜨기 전부터 젊은 입맛을 사로잡은 떡이 있다. 복숭아로 만든 찹쌀떡 '복떵이'가 바로 그것. 찹쌀떡으로 유명한 전주 '소부당'의 히트상품이다.

전주 복숭아는 과육이 연하고 당도가 높아서 전국적으로 유명하다. 해마다 복숭아 축제를 열만큼 전주는 복숭아에 진심이다. 기후와 풍토가 복숭아 재배에 적합하고 기상 재해가 적은 지역적 특성으로, 100여 년 전부터 지금까지 전주는 복숭아 산지로 알려져 있다.

소부당은 전주의 명품 복숭아를 이용해 쫄깃쫄깃한 찹쌀 속에
상큼한 복숭아 퓌레와 고소한 치즈 생크림을 넣어 '복떵이'를 만
들었다. 핑크색의 말랑말랑한 찹쌀떡은 한 눈에도 복숭아를 연
상시킨다. 한 입을 베어 물면 복숭아 알갱이와 부드러운 치즈
가 입 안에 퍼진다. 그야말로 입 안으로 복덩이가 굴러 들어오
는 맛이다.

참고자료

<뜨거운 한입>, 박찬일 지음, 창비
<간판 없는 맛집>, 안병익, 식신 지음, 이가서

전주시 공식 블로그 blog.naver.com/jeonju_city
전주다움 daum.jeonju.go.kr/

잘 차려진 상에 모주만 올려보았다

초판 1쇄 발행 | 2023년 10월 4일

지은이   마블로켓 편집부
펴낸 곳   (주)마블로켓
디자인   안박스튜디오
출판 등록   2018년 4월 23일 제 2018-000210호
주소   서울시 마포구 독막로28길 10 B101-7호

본 도서는 전주시청의 협조 및 지원으로 제작되었으나, 콘텐츠의 기획 및 제작은 출판사의 편집 방침을 따랐음을 밝힙니다.